Ab 12 Jahre

Jost Baum

Experimente zu den erneuerbaren Energien

Upcycling im Physikunterricht

Planen & Arbeiten im Team

Lernen mit Erfolg
KOHL VERLAG
www.kohlverlag.de

Experimente zu den erneuerbaren Energien

Upcycling im Physikunterricht

1. Auflage 2024

Inhalt: Jost Baum
Umschlagbild: Jost Baum
Redaktion: Kohl-Verlag
Grafik & Satz: Kohl-Verlag
Druck: Druckhaus Flock, Köln

Bestell-Nr. 13 117

ISBN: 978-3-98841-200-3

Bildquellen: © Stock.Adobe.com:

S.2: Africa Studio; S. 9: Seventyfour; S. 10: Trueffelpix; S. 11: fotomek; S. 13: Ajamal; S. 14: Trueffelpix; S. 24: Trueffelpix; S. 25: Photocreo Bednarek, Pixel_Studio_8; S. 29: kolonko; S. 31: kolonko; S. 34: Ingo Bartussek; S. 41: Cangbacang, Anshuman Rath, DESIGN ARTS, Sashkin, Natalia, colnihko; S. 39: womue; S. 40: larcobasso; S. 44: Jiri Hera;

Bildquelle Wikipedia:

S. 6: Techn. Museum Wien; S. 14: Christoph Lingg;S. 32: MikeRun; S. 33: Ugo14, Wikisquack; S. 35: Sigurd Savonius; S. 43: Eva K.; S. 44: Pawel Swiegoda; S. 45: dave_7; S. 46: Liftarn; S. 47: Pleksikon;

Weitere Bildquellen: **© Jost Baum**: Alle anderen Bilder

Inhaltsverzeichnis

Experimente zu den erneuerbaren Energien
Upcycling im Physikunterricht – Bestell-Nr. 13 117

Vorwort

Liebe Kolleginnen, liebe Kollegen,

Anhand von physikalisch-technischen Experimenten sollen die wesentlichen Energieumwandlungsketten erläutert werden, die zur Nutzung von „Erneuerbaren Energien“ notwendig sind. Um die CO_2-Produktion, die für den Klimawandel verantwortlich ist, zu verhindern oder wenigstens zu reduzieren, sollen unterschiedliche technisch-physikalische Konzepte untersucht werden.

Die Funktionsmodelle (Windkraft-Anlage, E-Flitzer, Savonius-Rotor, Brennstoffzelle, Solarkollektor, E-Bike, E-Auto) werden durch Upcycling aus scheinbarem Müll hergestellt, der so als Wertstoff genutzt wird und damit dem Wertstoffkreislauf wieder zugeführt wird. Das hat mehrere Vorteile: Das Müllvolumen wird verringert, der Begriff des Wertstoffkreislaufs wird eingeführt und CO_2 gespart. Hinzu kommt, dass die Schüler den Wert von Plastikflaschen, Holzresten, Pappkartons, Metallresten und ähnlichen Materialien erkennen, die zudem kostenlos zur Verfügung stehen.

Hierbei werden folgende technisch-physikalische Kompetenzen vermittelt:

- Was ist Energie?
- Was sind Energieumwandlungsketten?
- Wie kann Energie gespeichert werden?
- Wie berechnet man Kraft, Arbeit, Leistung?
- Welche Vorteile bietet eine Gangschaltung bei einem Fahrrad oder Velomobil?
- Wie können beschleunigte und unbeschleunigte Bewegungen dargestellt werden?
- Was versteht man unter einem c_W-Wert?
- Wie kann Reibung reduziert werden, um Energieverluste zu minimieren?
- Wie lässt sich die Photovoltaik als Energiequelle nutzen?
- Wie können Reihen- bzw. Parallelschaltungen von Solarzellen genutzt werden?
- Wie wird elektrischer Strom bzw. elektrische Spannung gemessen?
- Wie funktioniert ein Generator?
- Wie funktioniert ein Sonnenkollektor?
- Was versteht man unter dem Brennwert eines Stoffes?
- Was versteht man unter Wasserstoff?
- Wie wird Wasserstoff hergestellt?
- Was ist eine Brennstoffzelle?
- Wie funktionieren Windkraftanlagen und Savonius-Rotoren?
- Welche Werkzeuge muss ich benutzen, um ein Funktionsmodell herzustellen?
- Was ist ein Wertstoffkreislauf?

Die einzelnen Unterrichtseinheiten sind immer gleich aufgebaut. Jede Einheit beinhaltet Informationen, welche die Lehrer kennen müssen. Dazu gehören eine Sachanalyse, eine Auflistung der Lernziele, methodische Hinweise sowie eine Material- und Werkzeugliste. Hinzu kommen Aufgabenblätter mit Lösungen für die Schüler.

Viel Erfolg bei dem Einsatz des Materials wünschen das Team des Kohl-Verlags sowie

Jost Baum

1 Wir bauen einen Elektro-Flitzer

Lehrerinfo

Elektrofahrzeuge werden in den nächsten Jahrzehnten unsere Mobilität bestimmen. Doch diese Form der Fortbewegung ist nicht neu. Die Erfindung des Gleichstrommotors durch Thomas Davenport war bahnbrechend, jedoch mit Anfangsschwierigkeiten verbunden. Zunächst war nämlich ausgerechnet zu diesem Zeitpunkt die Dampfmaschine noch effizienter. Aber bereits im Jahr 1881 wurde in Paris das erste elektrisch betriebene Dreirad vorgestellt. Bereits 1888 baute der Maschinenbauunternehmer Andreas Flocken das erste Elektroauto in Deutschland. 1897 begann in den USA die kommerzielle Produktion von Elektrofahrzeugen. Bereits um die Jahrhundertwende waren etwa 40% der Autos auf amerikanischen Straßen mit einem Elektromotor ausgestattet.

Voraussetzung hierfür war die Entwicklung eines Energiespeichers, der seine Ladung wieder abgeben kann. 1850 entwickelte der Deutsche Wilhelm Josef Sinsteden den ersten technisch einsatzbereiten Blei-Akku. Der Nachteil dieser Energieversorgung war ihr Gewicht und die Tatsache, dass dieser Speicher nicht beliebig oft aufgeladen werden konnte. Hinzu kam die geringe Reichweite der Fahrzeuge, die mit Bleiakkumulatoren betrieben wurden. Die einzige damals bekannte kontinuierliche Stromzuführung war die Oberleitung, die fortan E-Lokomotiven und Straßenbahnen vorwärts bewegte. Kein Wunder also, dass sich der Otto- und der Dieselmotor als Antrieb durchsetzten. Erdöl und damit Benzin schien unendlich verfügbar. Der Treibstoff ließ sich in den Tanks der Fahrzeuge problemlos speichern, ein dichtes Tankstellennetz sorgte dafür, dass die Reichweite der Fahrzeuge unbegrenzt war.

1907 Gmünd, Niederösterreich (damals mit Linksverkehr!): Ein elektrischer Omnibus mit Oberleitung (links) begegnet einem mit Dampf angetriebenen Eisenbahntriebwagen.

1 Wir bauen einen Elektro-Flitzer

Schnittmodell eines Gleichstrommotors

Erst als wissenschaftlich nachgewiesen war, dass der bei der Verbrennung entstehende CO_2-Ausstoß zum Treibhauseffekt und damit zum ungewollten und bedrohlichen Klimawandel führte, besann man sich wieder auf den Elektromotor. Fortschrittliche Energiespeicher wie Lithium-Ionen oder Nickel-Cadmium-Akkus verbesserten die Reichweite von Elektrofahrzeugen entscheidend. Dabei muss der benötigte Ladestrom CO_2-frei durch die Verwendung von Photovoltaik, Wasser- oder Windkraft hergestellt werden.

Diese Kombination aus Ökostrom und Nickel-Cadmium-Akku wird bei dem vorgestellten Elektroflitzer angewandt. Weiterhin werden möglichst erdölhaltige Materialien verwendet, die sonst umständlich entsorgt werden müssten, wie Speiseeisbehälter, Plastikstrohhalme, Deckel von Getränkeflaschen etc. Bei einer Verwendung dieser Stoffe als Unterrichtsmaterial findet also Upcycling statt, das in Richtung einer in Zukunft notwendigen CO_2-ärmeren Kreislaufwirtschaft weist. Diese Materialien sind in jedem Haushalt verfügbar und kosten also nichts. Auf ihren „Wert" wird durch die Verwendung als Unterrichtsmaterial hingewiesen.

Lernziele

Die Schüler lernen …

- den Aufbau und die Funktionsweise einer Reihenschaltung zu verstehen und für das Modell anzuwenden;
- Stromstärke und Spannung in der Reihen- bzw. Parallelschaltung zu messen;
- den Aufbau und die Funktionsweise einer Photovoltaikzelle zu verstehen;
- eine „Solartankstelle" zu entwickeln;
- ein Fahrmodell mit Hilfe einfacher Recyclingmaterialien (Pappkarton, Eisverpackung etc.), einem Mini-Motor und Photovoltaikzellen zu bauen und zu testen;
- Prinzipien des Fahrzeugbaus wie geringes Gewicht, geringer Rollwiderstand, Wiederverwendung von Rohstoffen etc. kennen.

Experimente zu den erneuerbaren Energien
Upcycling im Physikunterricht – Bestell-Nr. 13 117

1 Wir bauen einen Elektro-Flitzer

Methodische Hinweise

Beim erforschenden Physikunterricht erhalten die Schüler Arbeitsmaterial – bestehend aus Alltagsgegenständen und wenigen zusätzlichen, vom Lehrer zur Verfügung gestellten Bauelementen – zur freien Entwicklung eines funktionsfähigen Elektrofahrzeugs. Dieses soll mit Ökostrom betrieben werden. Grundkenntnisse im Bereich Reihen- und Parallelschaltung sollten vorhanden sein.

Der Aufbau des Elektroflitzers kann in Einzelarbeit (z. B. beim Distanzunterricht), aber auch in Gruppenarbeit erfolgen. Bei der Gruppenarbeit werden weniger Materialien benötigt und der Teamgeist gefördert. Weiterhin sind Löt- und andere Montagearbeiten oft nur mit einem Partner möglich.

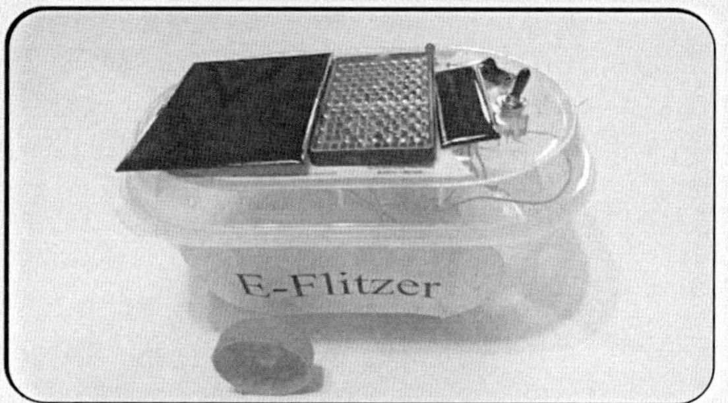

Materialliste

Lüsterklemmen, Mikro-Motor (3 V), Photozellen, Klingeldraht, Mignonakkus, Schuhkarton (oder Plastikdose etc.), Holzspieße (Schaschlikspieße), Plastikhalme, Schrauben M3, Muttern M3, Heißkleber, großer Plastikdeckel, 2 Mikroschalter.

Werkzeugliste

kleine Schraubendreher, Zange, Schere, Zirkel, Lineal, Bleistift.

Bauanleitung

Baue ein entsprechendes Fahrgestell. Schließe den Motor an den Akku an und probiere den Elektro-Flitzer aus. Der Mikro-Motor liegt in Reihe zum 1,5 V-Akku und wird mit einem Mikroschalter ein- und ausgeschaltet.

EA

__Aufgabe 1__: a) *Welche Eigenschaften muss der Elektro-Flitzer haben, damit er möglichst schnell fährt?*

____

____

____

b) *Welche Energieumwandlungskette liegt vor?*

____

____

____

KOHL VERLAG Experimente zu den erneuerbaren Energien
Upcycling im Physikunterricht – Bestell-Nr. 13 117

2 Die Solartankstelle – Experimente mit der Photovoltaik

Lehrerinfo

Bei voller Sonneneinstrahlung liefern kleine Solarmodule max. 1,2 V. Die Ladespannung für den Akku beträgt 1,5 V. Diese Ladespannung kann in der Regel (geringer Lichteinfall, Beschattung etc.) nur mit 2 Solarzellen erreicht werden, die in Reihe geschaltet und dem vollen Sonnenlicht ausgesetzt sind. Die LED dient dazu, dass der Strom nur in eine Richtung fließen kann und so ein versehentliches Entladen des Akkus verhindert wird.

Methodische Hinweise

Der Unterricht sollte in Partnerarbeit erfolgen. Pro Gruppe sollten zwei Solarmodule, ein Lötgerät mit Lötzinn, eine LED, eine Lüsterklemme, ein Nickel-Cadmium–Akku, Klingeldraht, ein Stück dicke Pappe 15 • 20 cm, ein kleiner Schraubendreher und ein Multimeter zur Verfügung stehen. Die Verbindung der Solarmodule wird durch Löten hergestellt. Auch hier ist eine Partnerarbeit sinnvoll. Zum Einstieg sollten die Schüler die Aufgaben 1 und 2 bearbeiten. Ein Mikroschalter wird nur verwendet, wenn die Solartankstelle auf dem Elektro-Flitzer montiert wird. Dann kann vom Fahrbetrieb in den Ladebetrieb umgeschaltet werden.

EA

Aufgabe 1: *Setze die Wörter aus dem Kasten an die richtigen Stellen im Text.*

elektrische – Elektronen – Fehlstellen – Fotodiode – Halbleiterschichten – positive – Silizium – Spannung – Sperrschicht – Strahlungsenergie

Eine Solarzelle ist eine sogenannte ____________________. Diese Dioden wandeln einen Teil der auftreffenden ____________________ des Lichts direkt in ____________________ Energie um. Fotozellen bestehen aus ____________________. Dabei wird zwischen n-leitendem und p-leitendem Silizium unterschieden. Dazwischen liegt eine ____________________. Durch die Lichteinstrahlung trennen sich ____________________ von ihren Atomen. Dadurch entstehen ____________________ (Löcher) im Kristall, die wie ____________________ Ladungen wirken. Diese Ladungen sammeln sich an der Grenze zweier unterschiedlich leitender ____________________. Die so entstehende ____________________ treibt einen Strom in einem äußeren Stromkreis an.

KOHL VERLAG Lernen mit Erfolg
Experimente zu den erneuerbaren Energien
Upcycling im Physikunterricht – Bestell-Nr. 13 117

2 Die Solartankstelle – Experimente mit der Photovoltaik

EA

Aufgabe 2: **a)** *Wo werden Solarzellen verwendet?*

___

___

___

b) *Welche Vorteile bietet die Stromerzeugung aus Solarzellen gegenüber Strom aus fossilen Brennstoffen?*

___

___

___

c) *Welche Nachteile gibt es?*

___

___

___

 Die Solartankstelle – Experimente mit der Photovoltaik

Aufbau von Schaltungen und Zeichnen von Schaltplänen

EA

Aufgabe 3: **a)** *Eine der drei Schaltungen in der Tabelle ist bereits gezeichnet und abgebildet. Zeichne die Pläne für die anderen beiden.*

b) *Baue die in der Tabelle genannten Schaltungen auf, achte auf die Polung der LED. Miss jeweils U und I. Wenn nicht genug Sonnenlicht vorhanden ist, verwende künstliches Licht. Trage die Ergebnisse in die Tabelle ein.*

Hinweis

In den folgenden Schaltungen wird immer eine LED verwendet. LEDs lassen Strom nur in einer Richtung passieren. So erfüllt diese Leuchtdiode zwei Zwecke.

- Sie zeigt während des Ladevorgangs des Akkus durch ihre Helligkeit an, ob und wieviel Strom von den Solarzellen durch die LED zum Akku fließt.
- Sie verhindert, dass Strom vom bereits ziemlich vollen Akku zurückfließt, z. B. wenn es gerade sehr wenig Sonnenlicht gibt.

Nr.	Schaltung	Auswirkung	U	I	P = U • I
1	Schaltung mit 1 Solarzelle		1,2 V	0,2 A	0,24 W
2	Reihen-schaltung mit 2 Solarzellen				
3	Parallel-schaltung mit 2 Solarzellen				

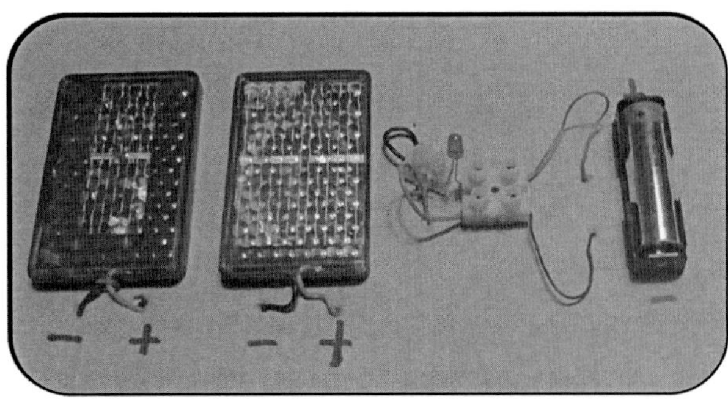

Reihenschaltung mit 2 Solarzellen und 1 LED

Beim Aufladen des Akkus werden die Elektronen gegen das Potential des Akkus vom Pluspol zum Minuspol gepumpt und dabei der Minuspol negativ aufgeladen.

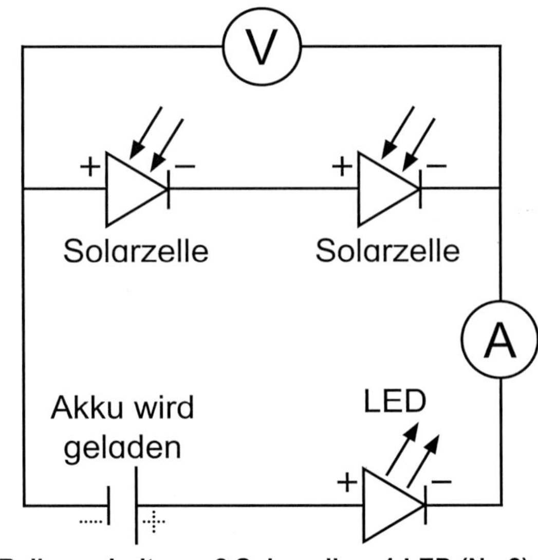

Reihenschaltung, 2 Solarzellen, 1 LED (Nr. 2)

Experimente zu den erneuerbaren Energien
Upcycling im Physikunterricht – Bestell-Nr. 13 117

2 Die Solartankstelle – Experimente mit der Photovoltaik

Aufbau von Schaltungen und Zeichnen von Schaltplänen

EA

Aufgabe 3: **c)** *Der zu ladende Akku hat eine Spannung von 1,5 V. Wie viele Solar zellen müssen mindestens verwendet werden, um den Akku zu laden? Es gilt, dass die Ladespannung höher sein muss als die Spannung des Akkus. Welche Schaltung ist geeignet?*

____

____

____

____

____

Jetzt könnt ihr den Akku des E-Flitzers mit der Solartankstelle aufladen. Ihr könnt auch testen, welches E-Mobil mit seiner Ladung am weitesten fahren kann.

KOHL VERLAG Lernen mit Erfolg
Experimente zu den erneuerbaren Energien
Upcycling im Physikunterricht – Bestell-Nr. 13 117

3 Experimente mit einer kleinen Brennstoffzelle

Die Elektrolyse von Wasser

Lehrerinfo

Brennstoffzellen haben für die angestrebte Energiewende eine entscheidende Bedeutung. Mithilfe dieser Technologie lässt sich aus zugeführtem Wasserstoff und Sauerstoff elektrische Energie gewinnen. Die Brennstoffzelle lässt sich hiermit zur Energiegewinnung in Haushalt, Industrie und Verkehr einsetzen. Die so gewonnene elektrische Energie ist CO_2-frei, wenn die vorangegangene Wasserstoffelektrolyse durch „grünen" Strom erfolgte. Wasserstoff dient hierbei als Energieträger, der dezentral durch Sonnen- oder Windenergie hergestellt und dann zentral wieder in elektrischen Strom umgewandelt wird.

Wasserstoff ist das häufigste chemische Element des Universums und damit Bestandteil der meisten organischen Verbindungen; insbesondere kommt er in sämtlichen lebenden Organismen vor. Wasserstoff ist außerdem das leichteste chemische Element und in Verbindung mit Sauerstoff brennbar. Unter normalen Bedingungen ist es ein chemisches Element mit dem Symbol H und der Ordnungszahl 1, ein farbloses, geruchloses und leicht entzündliches Gas. Wasserstoff kommt natürlich auf der Erde nur in der Verbindung mit Sauerstoff vor, nämlich als Wasser (= H_2O). Wasser ist aber auf der Erde genügend vorhanden, denn 70% des Planeten sind von Wasser bedeckt.

Wasserstoff (H_2) ist etwa 14,4-mal leichter als Luft. Sein Siedepunkt liegt bei –252,9 °C. Am Siedepunkt kondensiert der Wasserstoff vom Gas zur Flüssigkeit. Tritt Wasserstoff z. B. aus einem Tank aus, in dem er bei dieser niedrigen Temperatur gelagert wurde, wird er wieder gasförmig. Kommt er dann mit Sauerstoff in Verbindung, so ist er leicht entzündlich. Hinzu kommt, dass Wasserstoff einen sehr hohen Brennwert von 33 kWh hat, der damit dreimal so hoch ist wie der von Benzin. Eine Explosion ist also sehr gefährlich. Daher darf Wasserstoff nur mit besonders hohen Sicherheitsauflagen gelagert und transportiert werden.

Bei unserem Versuch besteht die Brennstoffzelle aus einem Marmeladenglas mit Deckel, 80 ml Wasser, einem gestrichenen Teelöffel Salz und zwei Bleistiftminen.

Methodische Hinweise

Die Schüler sammeln vor Beginn des Unterrichts Marmeladengläser mit Schraubdeckeln. Die Bleistiftminen werden vom Lehrer zur Verfügung gestellt, ebenso Kabel, Gleichstromtrafos, Mikro-Solarmotoren, MikroLEDs und Messgeräte.

Sicherheitshinweis: Es sollte unbedingt eine Schutzbrille getragen werden. Die Gefahr ist allerdings sehr gering, da nur eine kleine Menge Wasserstoff durch das Experiment erzeugt wird, die zudem durch den verschraubten Deckel nicht entweichen kann.

Tipp: Sollte der entstandene Strom der Brennstoffzelle nicht ausreichen, um eine MikroLED zu betreiben, kann auch anstelle der MikroLED ein Mikro-Solarmotor als Verbraucher verwendet werden. An der Achse sollte ein Propeller montiert werden, um beobachten zu können, ob sich der Motor dreht, also die Brennstoffzelle Strom liefert.

Experimente zu den erneuerbaren Energien
Upcycling im Physikunterricht – Bestell-Nr. 13 117

Experimente mit einer kleinen Brennstoffzelle

Die Elektrolyse von Wasser

Material

Marmeladengläser mit Deckel, destilliertes Wasser, Salz, Bleistiftminen, Kabel mit Krokodilklemmen, regulierbarer Gleichstrom-Trafo, mikroLEDs, Mikro-Solarmotoren, Heißkleber, Messgeräte (für U, I), Lüsterklemmen, Schutzbrillen, Schraubendreher, Akkubohrer mit 5 mm Bohrer.

Der Deckel der Brennstoffzelle erhält zwei gegenüberliegende Bohrungen. Die beiden Bleistiftminen (Grafit) werden durch die Bohrungen geschoben und mit Heißkleber fixiert. Dabei dürfen die Grafitminen keinen Kontakt mit dem Dosenblech erhalten, um einen Kurzschluss zu vermeiden! Markiere eine Mine mit einem Minuszeichen und die andere mit einem Pluszeichen. Anschließend werden 80 ml destilliertes Wasser eingefüllt, hinzu kommt ein gestrichener Teelöffel Salz.

Wie wird Wasserstoff erzeugt? Wir erzeugen den als Energielieferanten benötigten Wasserstoff unmittelbar vor dem Gebrauch direkt in unserer kleinen Brennstoffzelle selbst – und zwar durch …

Die Elektrolyse von Wasser

Zwei Graphitstäbe (Plus- und Minuspol) werden in eine Lösung (Elektrolyt) aus destilliertem Wasser und Salz getaucht. Vereinfacht ausgedrückt liegt das Wasser im Elektrolyten in Form positiver Wasserstoff-Ionen und negativer Sauerstoff-Ionen vor. Anschließend wird eine Spannung an die Graphitstäbe angelegt. Die Sauerstoff-Ionen werden vom Pluspol angezogen, geben an ihn ihre Elektronen ab und steigen dort als (neutraler) Sauerstoff auf. Die Wasserstoff-Ionen werden vom Minuspol angezogen, nehmen dort Elektronen auf und steigen als (neutraler) Wasserstoff auf.

Hiermit wird also das Wasser durch den elektrischen Strom aus dem Trafo in Wasserstoff und Sauerstoff zerlegt. Normalerweise würde man den aufgefangenen Wasserstoff speichern zum späteren Gebrauch. Kommt er nämlich wie bei uns mit Sauerstoff in Berührung, entsteht ein brennbares Gasgemisch. Da wir nur eine sehr kleine Menge Wasserstoff erzeugen, ist das ungefährlich.

Experimente zu den erneuerbaren Energien
Upcycling im Physikunterricht – Bestell-Nr. 13 117

3 Experimente mit einer kleinen Brennstoffzelle

Die Elektrolyse von Wasser

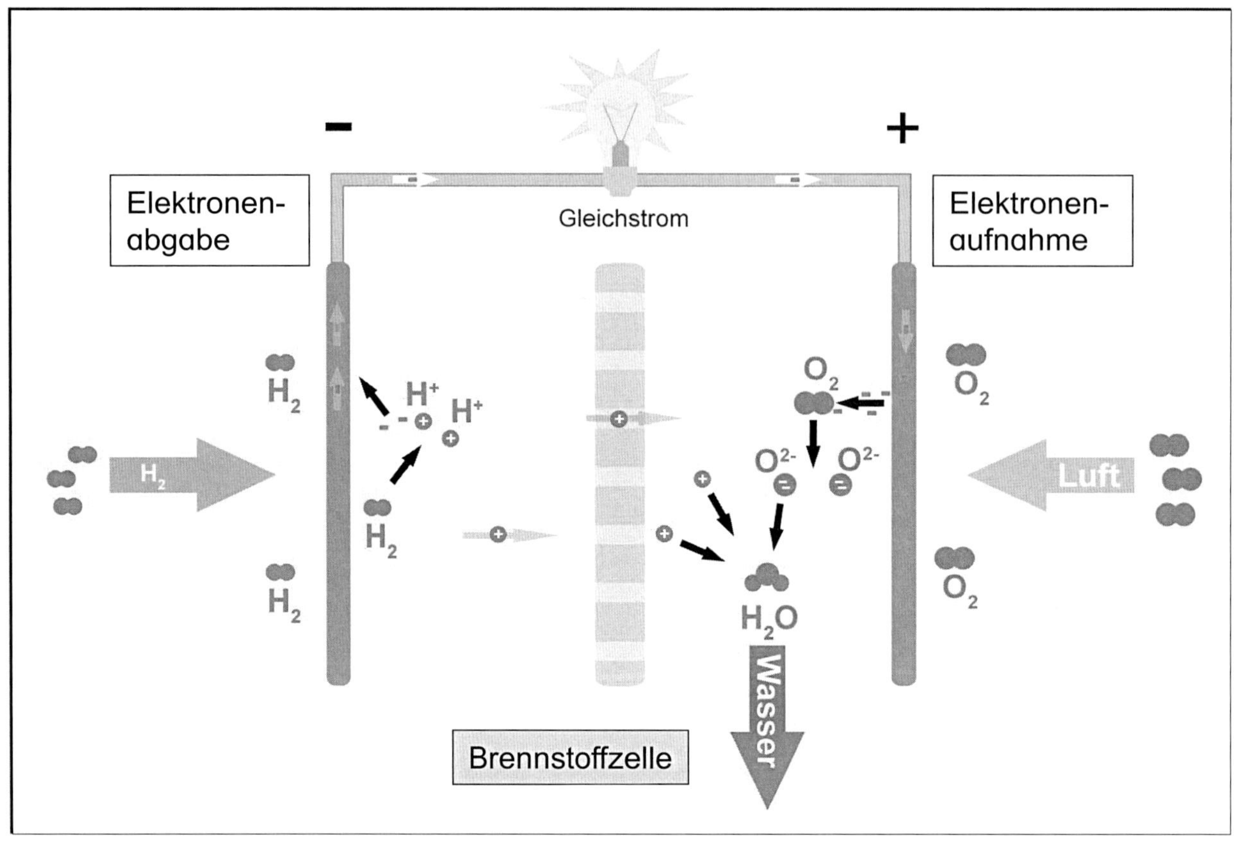

„Die Brennstoffzelle ist die umgekehrte Elektrolyse"

Da bei uns nach Abschalten des Trafos Sauerstoff und Wasserstoff sofort wieder im Elektrolyten (der Lösung) zusammengeführt werden, entsteht erneut Wasser. Dabei wird elektrische Energie frei, theoretisch genau die Energie, welche wir vorher bei der Elektrolyse aus dem Trafo zugeführt haben.

Merke: Plus- und Minuspol bei der Elektrolyse bleiben genau so erhalten beim anschließenden Einsatz als Brennstoffzelle!

Begründung: Genau am Minuspol, wo H^+ (im H_2O) durch Aufnahme von Elektronen zu H_2 wird, gibt anschließend H_2 Elektronen wieder ab und wird zu H^+.

EA

Aufgabe 1: *Schreibe auf ein extra Blatt.*

a) *Wodurch entsteht bei der Elektrolyse Wasserstoff bzw. Sauerstoff?*

b) *Woraus besteht der Elektrolyt?*

c) *Wie entsteht ein brennbares Gasgemisch?*

d) *Was passiert bei der Umkehrung der Elektrolyse?*

Experimente zu den erneuerbaren Energien
Upcycling im Physikunterricht – Bestell-Nr. 13 117
KOHL VERLAG

Experimente mit einer kleinen Brennstoffzelle

2 Versuche: Zuerst Elektrolyse – dann Einsatz als Brennstoffzelle

EA

Aufgabe 2: **a)** *Bei diesem Versuch dürfen keine Feuerquellen in der Nähe sein. Setze in jedem Fall eine Schutzbrille auf. Warum sind diese Vorsichtsmaßnahmen sinnvoll?*

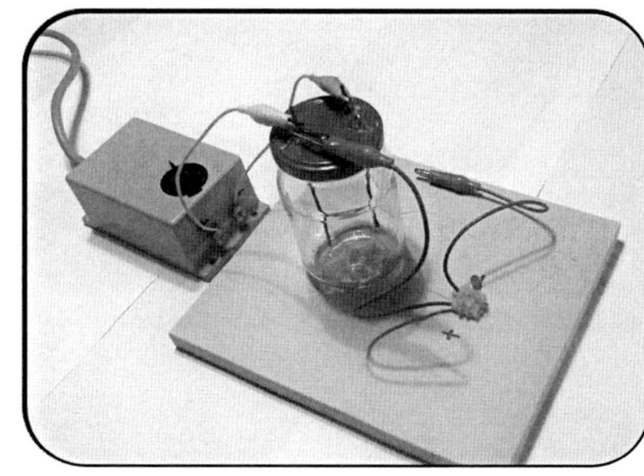

___

___

b) *Schließe mithilfe von Krokodilklemmen den Gleichstromtrafo an die Brennstoffzelle an (Plus an Plus und Minus an Minus). Schalte den Trafo ein. Erhöhe die Spannung, bis Bläschen aufsteigen. Was kannst du über die Menge der Bläschen aussagen, die am Plus- bzw. am Minuspol aufsteigen. Wie erklärst du dir das?*

___

___

___

___

c) *Schalte etwas später den Trafo aus und schließe stattdessen mithilfe von Krokodilklemmen die mikroLED (oder den Mikro-Solarmotor) an (Plus an Plus und Minus an Minus). Was beobachtest du?*

___

___

d) *Führe den Versuch systematisch durch. Stoppe verschiedene Zeiten für die Elektrolyse ab und gib jeweils Leuchtdauer und Helligkeit der LED an. Probiere dafür auch verschiedene Spannungen am Trafo aus. Halte die Ergebnisse in der Tabelle fest.*

U am Trafo	t_1 = Zeitdauer Elektrolyse	t_2 = Leuchtdauer LED	Helligkeit LED

U am Trafo	t_1 = Zeitdauer Elektrolyse	t_2 = Leuchtdauer LED	Helligkeit LED

Wie erklärst du dir, dass t_2 kürzer ist als t_1?

___

___

e) *Nach 3-4 Versuchen leuchtet die LED nicht mehr. Wie erklärst du dir das?*

___

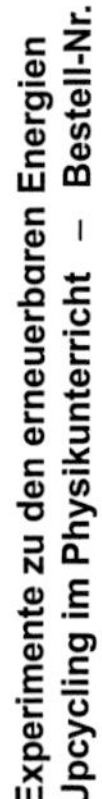
Experimente zu den erneuerbaren Energien
Upcycling im Physikunterricht – Bestell-Nr. 13 117

3 Experimente mit einer kleinen Brennstoffzelle

Brennstoffzellen in Reihe betreiben

EA

Aufgabe 3: **a)** *Schließe zwei Brennstoffzellen mit frischem Elektrolyt in Reihe. Halte bei diesem Versuch die Zeitdauer t_1 für die Elektrolyse konstant. Miss zunächst den Strom I_1, der vom Trafo mit Spannung U_1 für die Elektrolyse sorgt. Miss dann anschließend beim Betrieb der Brennstoffzelle U_2 und I_2 an der LED. Berechne die zugeführte Leistung $P_{zu} = U_1 \cdot I_1$, die (abgeführte) Nutzleistung $P_{ab} = U_2 \cdot I_2$ und den Wirkungsgrad $\eta = P_{ab} / P_{zu}$. Probiere verschiedene U_1 aus.*

U_1	I_1	U_2	I_2	P_{zu}	P_{ab}	η

b) *Werte den Versuch aus: Was lässt sich über η aussagen? Welche Konsequenz hat das für die industrielle Herstellung von Wasserstoff? Antworte auf einem Extra-Blatt.*

Wir betreiben die Elektrolyse mit Solarenergie

Um die Elektrolyse mit Solarenergie zu betreiben,wird der Gleichstrom-Trafo durch eine Reihenschaltung aus Solarzellen ersetzt.

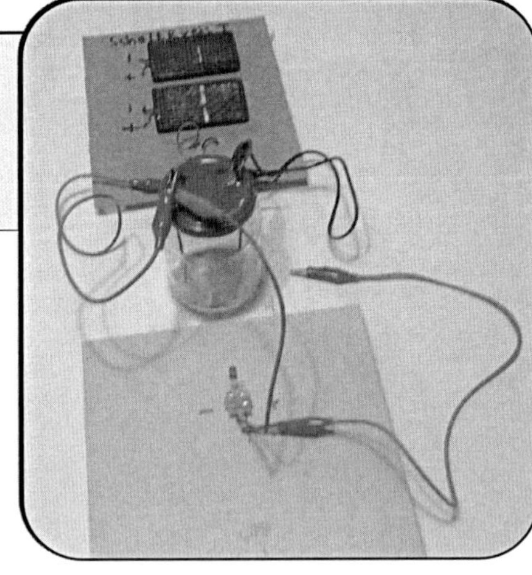

EA

Aufgabe 4: **a)** *Was ist beim Anschluss der Solarzellen in Reihe an die (anschließend genutzte) Brennstoffzelle zu beachten?*

____

____

____

b) *Wie viele Solarzellen musst du einsetzen, um die LED zum Leuchten zu bringen? ($U_{Zelle} = 1,2\ V$; $I_{Zelle} = 0,2\ A$) Entnimm dazu der Tabelle von Aufgabe 2 d) die Spannung U und die Zeitdauer t_1 zur Elektrolyse, bei der die LED am längsten und am hellsten leuchtet. Verwende nun entsprechend viele Solarzellen und baue eine Schaltung auf, mit der du die Brennstoffzelle betreiben kannst.*

____

____

____

Experimente zu den erneuerbaren Energien
Upcycling im Physikunterricht – Bestell-Nr. 13 117

4 Wir bauen ein Elektro-Fahrrad mit Reibradrollenmotor

Bau der Antriebseinheit

Lehrerinfo

Mobilität wird als Voraussetzung von und als Merkmal für gesellschaftlich-ökonomischen Fortschritt erachtet. Dem Verständnis von Energieumwandlungsketten, um Bewegungen und Kräfte zu beschreiben, kommt deshalb eine zentrale Bedeutung zu. Dabei werden die Themenfelder elektrische Arbeit, elektrische Leistung und das Getriebe als Drehmomentwandler erarbeitet. Dieses Wissen wird nicht nur in naturwissenschaftlich-technischen Berufsfeldern benötigt, sondern kommt auch in vielfältigen Alltagssituationen, etwa beim Einschätzen von Verkehrslagen oder bei der Wahl geeigneter Transportmittel zur Anwendung.

Was Sie zum Thema wissen müssen

Die Lehrkraft sollte …

- die Funktionsweise von Elektromotoren/Generatoren sowie von Akkumulatoren kennen;
- die Beschreibung von Energieumwandlungsketten kennen;
- die Eigenschaften von Getrieben als Drehmomentwandler kennen;
- die mathematische Beschreibung von beschleunigten Bewegungen kennen;
- die Berechnung von elektrischer Arbeit und elektrischer Leistung kennen;
- einfache Holz- und Metallbearbeitungstechniken kennen.

Voraussetzungen der Lerngruppe

Die Lernenden sollten …

- den grundlegenden Aufbau physikalischer Versuche kennen;
- den mathematischen Zusammenhang in Weg-Zeit-Diagrammen kennen;
- die mathematische Beschreibung von elektrischer Arbeit und elektrischer Leistung kennen;
- einfache Holzbearbeitungs- und Metallbearbeitungswerkzeuge kennen.

Befestigung der Grundplatte am Gepäckträger

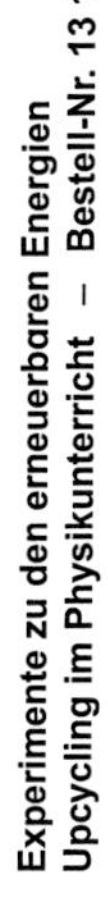

4 Wir bauen ein Elektro-Fahrrad mit Reibradrollenmotor

Bau der Antriebseinheit

Methodische Hinweise

In einem ersten Schritt soll die Funktionsweise eines E-Bikes mit einem Reibradantrieb erläutert werden. Im nächsten Schritt wird der Reibradmotor vorgestellt. Anschließend wird ein Bau- und Montageplan entwickelt. Im letzten Schritt werden physikalische Versuche zum Thema „*Messen und Darstellen von geradlinigen und beschleunigten Bewegungen, elektrischer Arbeit und elektrischer Leistung*“ durchgeführt. Es wird empfohlen, je nach Klassenstärke, die Projekte als Gruppenarbeit oder mit der gesamten Klasse durchzuführen.

Als Einstieg in die Unterrichtseinheit und als Grundlage der Motivationsphase kann Seite 16 mit der Dokumentenkamera an die Wand projiziert und als Impuls für die Stunde genutzt werden. Daraufhin erfolgt die Erarbeitungsphase. Die Lernenden stellen Vermutungen über die Funktionsweise des Motors an. Die Erklärungen werden an der Tafel notiert. Als Tafelbild entsteht eine Energieübertragungskette. Die Lernenden benennen die Bauteile, die an der Tafel notiert werden.

Material

Fahrrad mit Gepäckträger, Dynamo und Gangschaltung, ein kleines Rad (z. B. von einem Kindertretroller o. ä.), Akkubohrschrauber, Lochband, Holzplatte, Holzschrauben, Bremshebel mit Seilzug, Winkelhebel, Türverschluss für Vorhängeschlösser, entsprechendes Werkzeug.

Zuerst wird eine Sperrholzplatte auf die Größe 20 • 30 cm zugeschnitten. Anschließend werden die Umrisse des Akkubohrschraubers auf die Grundplatte übertragen. Danach werden aus Lochband die passenden Befestigungsbügel für den Akkubohrschrauber gefertigt und zusammen mit der Maschine montiert. Das Türschloss, das als Hebel zur Betätigung des Tasters der Bohrmaschine dient, wird montiert. Ein Bowdenzug wird durch den Blechwinkel geführt und an dem Türschloss eingehängt. Das kleine Rad wird mit einer langen Schraube im Bohrfutter des Akkubohrschraubers befestigt. Jetzt wird die Apparatur so mit den Halterungen aus Lochband auf den Gepäckträger montiert, dass das Reibrad mit etwas Druck auf dem Hinterrad des Fahrrades aufliegt.

Hebelmechanismus zur Betätigung des Schalters

KOHL VERLAG
Experimente zu den erneuerbaren Energien
Upcycling im Physikunterricht – Bestell-Nr. 13 117

Wir bauen ein Elektro-Fahrrad mit Reibradrollenmotor

Wir messen Strom/Spannung und berechnen Leistung/Energie

EA

Aufgabe 1: *„Bockt“ das Fahrrad mit dem Reibradmotor auf, sodass das Hinterrad in der Luft frei drehen kann und schaltet den Dynamo ein. Lasst den Reibradrollenmotor laufen und dreht mit möglichst gleichmäßiger Kraft an der Pedale. So wird aus der gemeinsamen Leistung von Motor und Muskelkraft mithilfe des Dynamos Strom produziert. Führt dieses Experiment in verschiedenen Gängen durch. Messt Strom und Spannung über die Zeiträume von 10, 20, 30, 40, 50 Sekunden. Berechnet anschließend die erbrachte elektrische Leistung P und die damit während der Zeit t verrichtete Arbeit bzw. erzeugte Energie E. Schreibt auf einem Extra-Blatt.*

a) *Legt folgende Tabelle an:*

Gang	Strom I in A	Spannung U in V	Elektrische Leistung P = U • I in W	Zeit t in s	Elektrische Arbeit / Energie E = U • I • t in Ws

Reibradantrieb vom kleinen Rad oben auf das Hinterrad des Fahrrades

KOHL VERLAG
Experimente zu den erneuerbaren Energien
Upcycling im Physikunterricht – Bestell-Nr. 13 117

4 Wir bauen ein Elektro-Fahrrad mit Reibradrollenmotor

Wir messen Strom/Spannung und berechnen Leistung/Energie

EA

b) *Erstellt ein Diagramm mit der Zeit t auf der waagerechten und der Arbeit bzw. Energie E auf der senkrechten Achse. Zeichnet für jeden gewählten Gang eine Kurve. Jede Kurve stellt den Zusammenhang zwischen Zeit und Arbeit/Energie dar.*

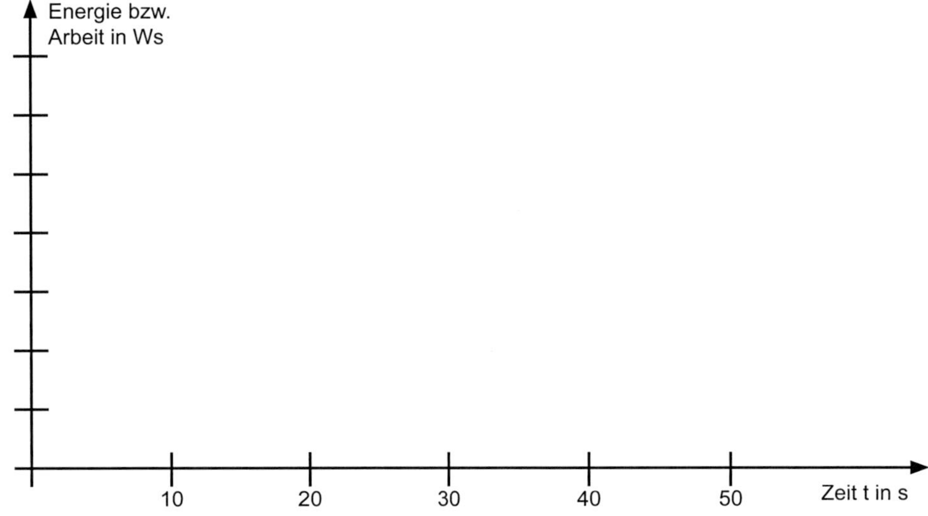

Anschluss des Dynamos an das Mehrfachmessinstrument

c) *Wie wirkt es sich aus, ob man die Zeit (und damit die anderen Größen) vom Ruhezustand aus misst oder erst dann, nachdem der Motor schon eine Weile läuft? Ist der Effekt auch vom gewählten Gang abhängig? Schreibt auf einem Extra-Blatt.*

Experimente zu den erneuerbaren Energien
Upcycling im Physikunterricht – Bestell-Nr. 13 117

4 Wir bauen ein Elektro-Fahrrad mit Reibradrollenmotor

Wir messen die Geschwindigkeit

EA

Aufgabe 2: *Steckt einen Parcours ab. Messt die Strecke, die ihr mit dem „E-Bike“ zurücklegt. Stoppt die Zeit, die die einzelnen Fahrer benötigen. Wer ist der Gewinner? Ihr könnt nun die Durchschnittsgeschwindigkeit, die die einzelnen Fahrer erreicht haben, mit der Formel v = s / t ausrechnen.*

Fahrer	Weg in m	Zeit in s	Ø-Geschwindigkeit v = Weg/Zeit in m/s

Ein Reibradrollenmotor ist gar nicht so ungewöhnlich. Bei dem Mofa VeloSolex läuft er allerdings mit Benzin und treibt das Vorderrad an. Hier eine VeloSolex Orbea von 1950.

Experimente zu den erneuerbaren Energien
Upcycling im Physikunterricht – Bestell-Nr. 13 117

4 Wir bauen ein Elektro-Fahrrad mit Reibradrollenmotor

Wir messen die Beschleunigung und zeichnen ein Beschleunigungsdiagramm

Wir gehen dabei davon aus, dass die Beschleunigung gleichmäßig erfolgt. Eine solche Bewegung ist charakteristisch für Anfahr- und Bremsvorgänge von Fahrzeugen.

Aufgabe 3: **a)** *Um die Beschleunigung beim Anfahren zu messen, leiht ihr euch aus der Physiksammlung mehrere Stoppuhren aus, die auf die Zehntelsekunde genau sind. Legt eine gerade Strecke von 30 m fest – mit Marken im Abstand von jeweils 5 m. Der Fahrer steht am Start. An jeder Marke steht ein Schüler, der die gefahrene Zeit vom Start nur bis zu seiner Marke stoppt. Anschließend werden die gemessenen Zeiten in folgende Tabelle eingetragen und daraus die Zeitdifferenzen zwischen den Marken ausgerechnet. Nun ergibt sich leicht für jede einzelne 5 m-Strecke eine eigene Durchschnittsgeschwindigkeit, die wir Momentangeschwindigkeit nennen.*

Weg in m	Zeit t in s vom Start bis zu dieser Marke	Zeitdifferenz Δt in s von vorheriger bis zu dieser Marke	Momentangeschwindigkeit 5 m / Δt in m/s
Marke 5 m			
Marke 10 m			
Marke 15 m			
Marke 20 m			
Marke 25 m			
Marke 30 m			

Unter Momentangeschwindigkeit versteht man die (nicht messbare!) Geschwindigkeit in genau einem Moment. Man kann sie immer nur angenähert messen. Das haben wir getan – mit einer gewissen Genauigkeit.

b) *Wie könnten wir die Momentangeschwindigkeit genauer bestimmen? Schreibt auf einem Extra-Blatt.*

c) *Übertragt die gemessenen Zeiten t vom Start bis zur jeweiligen Marke aus der 1. Spalte der Tabelle in das Diagramm und verbindet die Punkte zu einer Kurve.*

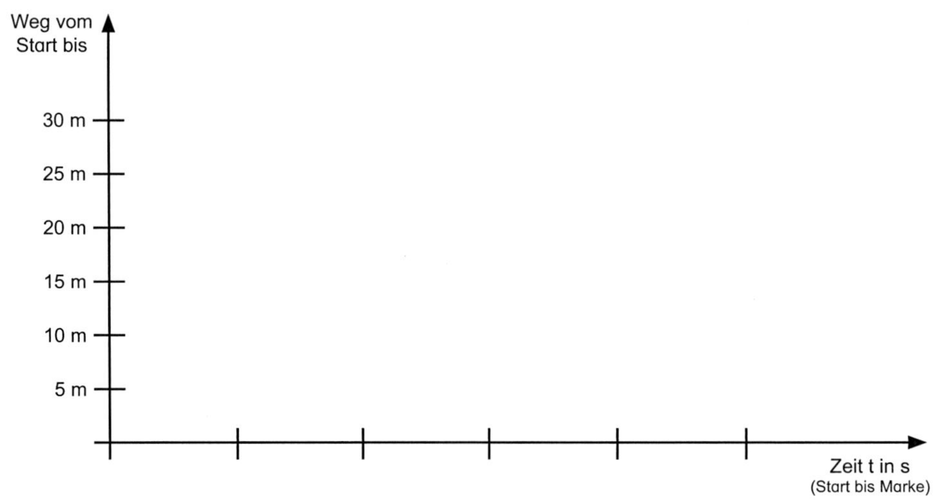

Experimente zu den erneuerbaren Energien
Upcycling im Physikunterricht – Bestell-Nr. 13 117
KOHL VERLAG

5 Wir experimentieren mit einem Mini-Sonnenkollektor

Wärmestrahlung

Lehrerinfo

Im Sommer tragen wir leichte Kleidung, damit wir nicht ins Schwitzen kommen. Menschen in Afrika hingegen tragen schwere Kleidung, die wir noch nicht einmal im Winter anziehen würden. Woran liegt das? Von der Sonne gehen ständig große Wärmemengen auf die Erde hinunter. Zwischen der Erde und der Sonne liegen 150 Mio. km luftleeren Weltraums. Es gibt also kein Medium, das die Wärme der Sonnenstrahlen übertragen könnte. Das heißt, die Sonnenstrahlen selbst nehmen die Wärmeenergie mit.

Diese Wärmestrahlung begegnet uns im Alltag sehr häufig:

- Eine Glühlampe sendet neben Lichtstrahlen auch Wärmestrahlen aus.
- In einem Backofen sendet die Heizschlange Wärmestrahlen aus und erhitzt den Braten.
- Ein Sonnenschirm schützt uns vor den Sonnenstrahlen.
- Weltraumkapseln müssen sich ständig drehen. Täten sie dies nicht, würden die auftreffenden Sonnenstrahlen die eine Seite so stark erwärmen, dass es zu hohen Spannungen durch die Wärmeausdehnung der einzelnen Materialien käme usw.

Wie können wir uns vor Wärmestrahlen schützen oder diese sogar nutzen?

- Die Schutzkleidung der Beduinen ist entweder schwarz oder weiß.
- Schwarze Kleidung absorbiert die Sonnenstrahlen, lässt sie also nicht durch den Stoff dringen.
- Weiße Kleidung reflektiert die Sonnenstrahlen, sie werden daher wie bei einem Spiegel zurück geworfen.

Glänzende Stoffe (Aluminumfolie, Spiegel) reflektieren die Wärmestrahlen.

Heizwerte von Brennstoffen

Der Heizwert H eines Brennstoffes gibt an, wieviel Wärme(energie) Q bei der Verbrennung des Stoffes mit der Masse m = 1 kg freigesetzt wird. Der Heizwert ist also eine spezifische Energie, bezogen auf die eingesetzte Menge des Stoffes.

Brennstoff	Heizwert H = …
Holz	15.000 kJ/kg
Steinkohle	30.000 kJ/kg
Spiritus	26.800 kJ/kg
Benzin	41.000 kJ/kg
Erdgas	38.000 kJ/ kg
Propan	46.400 kJ/kg

Es gilt z. B. für die Verbrennung von Spiritus: $H_{Spiritus} = \frac{Q}{m_{Spiritus}}$

Experimente zu den erneuerbaren Energien
Upcycling im Physikunterricht – Bestell-Nr. 13 117
KOHL VERLAG

5 Wir experimentieren mit einem Mini-Sonnenkollektor

Heizwerte von Brennstoffen

EA

Aufgabe 1: *0,5 kg Wasser sollen von 18 °C auf 36 °C erwärmt werden. Welche Menge an Spiritus ist dabei notwendig?*

Hinweise:

- Die benötigte Wärmeenergie Q errechnet sich als Produkt aus der Masse m des zu erhitzenden Stoffes, dem Faktor c (spezifische Wärmekapazität) für diesen Stoff und dem Temperaturanstieg in °C:
  $Q = m \cdot c \cdot (T_{nachher} - T_{vorher}) = m \cdot c \cdot (T_{Anstieg})$
- Für Wasser ist $c = 4{,}185 \frac{kJ}{(kg \cdot °C)}$
- Heizwert von Spiritus $H_{Spiritus} = 26.800 \frac{kJ}{kg} = \frac{Q}{m_{Spiritus}}$

Wir bauen einen Mini-Sonnenkollektor

Material

2 leere Getränkedosen aus Aluminium (0,33 l), 2 Fieberthermometer, schwarze Farbe, Pinsel, Wasser, Klebeband/Knetgummi, Stoppuhr

1. Eine der Getränkedosen wird schwarz lackiert, dann lässt man die Farbe trocknen.
2. Beide Dosen werden mit Wasser aufgefüllt. Dann lässt man die Dosen eine Weile einfach so stehen, bis das Wasser in den Dosen die Temperatur der umgebenden Luft angenommen hat.
3. Anschließend wird in jede Dose ein Fieberthermometer in die Öffnung gesteckt und mit Knetgummi und/oder Klebeband fixiert, sodass die Öffnung verschlossen ist.

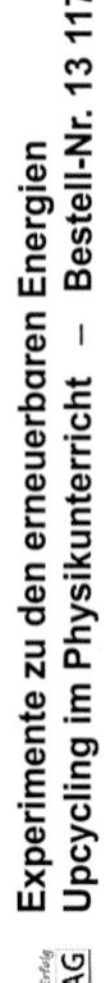
KOHL VERLAG
Experimente zu den erneuerbaren Energien
Upcycling im Physikunterricht – Bestell-Nr. 13 117

5 Wir experimentieren mit einem Mini-Sonnenkollektor

Experimente mit dem Mini-Sonnenkollektor

EA

Aufgabe 2: a) *Willi behauptet: „Ich kann meine Wasserflasche so lange, wie ich will, in der prallen Sonne liegen lassen. Das Wasser bleibt immer noch kühl, denn das Material der Wasserflasche hält die Sonnenstrahlen zurück!“ Hat Willi recht?*

b) *Hast du eine Vermutung, warum die eine Getränkedose schwarz lackiert wurde?*

Experimente mit dem Mini-Sonnenkollektor

c) • *Miss die Ausgangstemperatur des Wassers in den Dosen. Stelle danach beide Dosen in die pralle Sonne. Miss mehrfach im Abstand von jeweils 3 min die Wassertemperaturen und trage sie in die Tabellen (s. nächste S.) ein.*

• *Berechne jeweils den bis dahin insgesamt erzielten Temperaturanstieg seit der Ausgangstemperatur und die bis dahin insgesamt zugeführte Wärme(energie) Q gemäß der Formel :*

$$Q = m \cdot c \cdot (T_{nachher} - T_0) = 0{,}33\ kg \cdot 4{,}185 \frac{kJ}{(kg \cdot °C)} \cdot (T_{Anstieg}).$$

Dose hell/bunt:

Ausgangs-temperatur = 0 min	Temperatur in °C	$T_{Anstieg}$ in °C	Wärme Q in kJ
	T_0		
3 min	T_3	$T_3 - T_0$	
6 min	T_6	$T_6 - T_0$	
9 min	T_9	$T_9 - T_0$	
12 min	T_{12}	$T_{12} - T_0$	
15 min	T_{15}	$T_{15} - T_0$	

Dose schwarz:

Ausgangs-temperatur = 0 min	Temperatur in °C	$T_{Anstieg}$ in °C	Wärme Q in kJ
	T_0		
3 min	T_3	$T_3 - T_0$	
6 min	T_6	$T_6 - T_0$	
9 min	T_9	$T_9 - T_0$	
12 min	T_{12}	$T_{12} - T_0$	
15 min	T_{15}	$T_{15} - T_0$	

KOHL VERLAG Lernen mit Erfolg
Experimente zu den erneuerbaren Energien
Upcycling im Physikunterricht – Bestell-Nr. 13 117

5 Wir experimentieren mit einem Mini-Sonnenkollektor

Experimente mit dem Mini-Sonnenkollektor

EA

Aufgabe 2: **d)** *Stelle die Entwicklung der Wärme Q in Abhängigkeit von der Zeit dar. Zeichne für jede Dose eine Kurve in das Diagramm.*

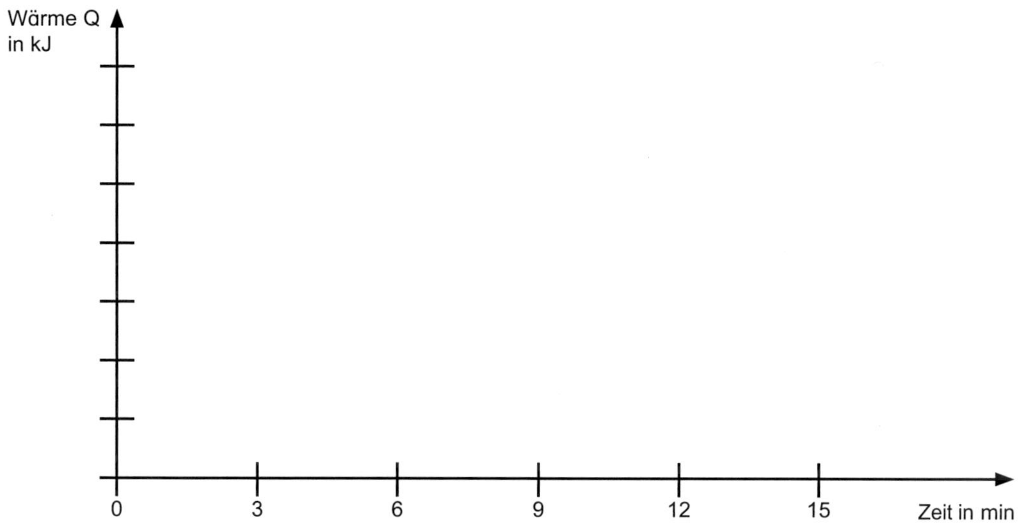

Aufgabe 2: **e)** *Deine schwarze Dose ist ein brauchbarer Mini-Sonnenkollektor. Stell dir vor, es wäre nachts und du wolltest dieselbe Menge Wasser mit einem anderen Energieträger auf genau dieselbe Temperatur erwärmen, die du in 15 min mit Solarenergie erreicht hast. Wieviel Holz, Erdgas bzw. Benzin bräuchtest du jeweils für diese Aufgabe? Schau dir dazu noch einmal an, wie du die Aufgabe 1 gelöst hast.*

$H_{Holz} = 15.000 \frac{kJ}{kg} = \frac{Q}{m_{Holz}}$ → $m_{Holz} =$ ______________________

$H_{Erdgas} = 38.000 \frac{kJ}{kg} = \frac{Q}{m_{Erdgas}}$ → $m_{Erdgas} =$ ______________________

$H_{Benzin} = 41.000 \frac{kJ}{kg} = \frac{Q}{m_{Benzin}}$ → $m_{Benzin} =$ ______________________

Experimente zu den erneuerbaren Energien
Upcycling im Physikunterricht – Bestell-Nr. 13 117
KOHL VERLAG

6 Experimente mit dem Windrad – Finden der optimalen Rotorenform

Jede Gruppe bastelt einen Unterbau und 3 Rotorköpfe

Lehrerinfo

Um die ungeordnete Bewegungsenergie des Windes in elektrische Energie umzuwandeln, muss die Windenergie ...

1. in eine geordnete (Dreh-)Bewegungsenergie gebracht werden, damit
2. diese anschließend in elektrische Energie überführt werden kann.

Die 1. Aufgabe übernimmt der Rotor, die 2. der Generator einer Windkraftanlage.

Standardrotoren werden nach dem Auftriebsprinzip kostruiert. Sie sind wie ein Flugzeugflügel gestaltet, der unter einem bestimmten Winkel zur Windrichtung steht. Entscheidend für die Qualität einer Anlage ist die Produktion von elektrischem Strom. Bei den Experimenten werden leichtläufige Solarmotoren verwendet, die in Reihe zu einem Amperemeter geschaltet werden sollen.

Der Rotor ist wie der Propeller eines Flugzeugs aufgebaut. Trifft Wind auf den Rotor, entsteht ein dynamischer Auftrieb, eine nach oben gerichtete Kraft, die bei einem Rotor zu einer Drehbewegung führt. Entscheidend für die Drehgeschwindigkeit ist weiterhin, in welchem Winkel das Rotorblatt zum Wind steht. Um die Leistung der Anlage zu steuern, kann die Auftriebskraft durch die Verdrehung der Blätter verändert werden. Die kontinuierliche Veränderung ist in unserem Experiment nicht möglich. In einem Winkelbereich zwischen 15° und 45° sollen verschiedene Gruppen mit einer unterschiedlichen Anzahl von Rotorblättern experimentieren.

Eine weitere wichtige Kennzahl zur Beurteilung der Leistung von Windkraftanlagen ist die sog. Schnelllaufzahl Lambda. Sie gibt das Verhältnis der Umfangsgeschwindigkeit des Rotors (Blattspitzengeschwindigkeit) zur Windgeschwindigkeit an. Dreiblattrotoren, wie sie heute bei großen Anlagen Standard sind, erreichen dabei den größten Wirkungsgrad, d. h. sie produzieren die größte Strommenge. Auch dies soll durch die Experimente mit Zweiblatt-, Dreiblatt- und Vierblattrotoren überprüft werden.

6 Experimente mit dem Windrad – Finden der optimalen Rotorenform

Jede Gruppe bastelt einen Unterbau und 3 Rotorköpfe

Methodische Hinweise

Hierzu sollen 3 Gruppen gebildet werden, die jeweils 3 Experimente durchführen. In den Gruppen werden jeweils 3 Windräder hergestellt, die mit Einschnitten unter den Winkeln 15°, 30° und 45° versehen werden. Hinzu kommt die jeweilige Anzahl an Rotorenblättern.

Zur Vorbereitung des Experiments werden 3 Holzplatten 15 • 15 cm ausgesägt. Auf jeder Holzplatte wird eine Papppröhre (ca. 3-4 cm • 25 cm, mit Deckel) mit Heißkleber befestigt. Auf dem Deckel wird der Solarmotor (hier Generator) mit Heißkleber geklebt. Auf der Holzplatte wird eine Lüsterklemmenleiste mit Heißkleber fixiert. Der Rotorkopf (Flaschendeckel mit Rotorblättern) wird mit einer Schraube M3 und einer Lüsterklemmenhülse auf die Achse des Rotors geschoben und mit den Schrauben der Hülse befestigt.

Material

Jede Gruppe benötigt 3 Flaschendeckel, 1 Schraube M3 • 25 mm, Muttern M3, Lüsterklemmen, Pappe, Papppröhren mit Deckel, Solarmotor, Föhn, Stativ, Heißkleber, Muster für Rotorflügel, Multimeter, Holzplatten, Klingeldraht.

Die Gruppen 1, 2 bzw. 3 benötigen zusätzlich entsprechend 6, 9 bzw. 12 Rotorblätter, die sie selbst mithilfe des Musters herstellen.

Als Werkzeuge werden benötigt: Schraubendreher, Schere, Bleistift, schwarzer Filzstift, Kombizange, Feinsäge, Lötkolben, Winkelmesser

Die Gruppen stellen jeweils einen anderen Windradtyp nach folgendem Schlüssel her.

Gruppe	1	2	3
Rotorblätter pro Rad	2	3	4
Montagestellen am Deckel versetzt um Winkel	180°	120°	90°

Es werden 27 Rotorblätter benötigt, diese werden alle nach demselben Muster (siehe Seite 31) auf demselben Karton gezeichnet und ausgeschnitten, damit gleiche Bedingungen vorherrschen.

KOHL VERLAG
Experimente zu den erneuerbaren Energien
Upcycling im Physikunterricht – Bestell-Nr. 13 117

6 Experimente mit dem Windrad – Finden der optimalen Rotorenform

Jede Gruppe bastelt einen Unterbau und 3 Rotorköpfe

Jede Gruppe stellt ihren Typ in 3 Varianten V15, V30 und V45 her, das betrifft den Winkel der Einkerbungen für die Rotorblätter an den Montagestellen des Rotorkopfs. Dieser besteht aus einem größeren Plastikdeckel, der je nach Variante eingekerbt wird. Die Einkerbungen erfolgen mit der Feinsäge. Die Rotorblätter werden mit Heißkleber fixiert und vorher ausgerichtet.

Variante	V15	V30	V45
Winkel Einkerbung an Montagestelle	15°	30°	45°

Für jede der Varianten V15, V30 und V45 wird vorher genau 1 Einkerbungsmuster angelegt. Zum Einkerben werden von allen Gruppen abwechselnd nur diese 3 Muster verwendet, sodass für alle Versuche dieselben Bedingungen bestehen. An den Montagestellen werden mit dem richtigen Muster die Einkerbungen vorgenommen und dann die Rotorblätter mit Heißkleber montiert. Jeder Rotorkopf erhält eine Bohrung von 3 mm in der Mitte. Er kann nun mithilfe der Schraube M3 und dem Lüsterklemmeneinsatz auf der Achse des Generators montiert werden.

Testen der verschiedenen Rotorenformen

EA

Aufgabe 1: *Jede Gruppe führt den Versuch im Windkanal für jede ihrer 3 Varianten durch. Dazu wird nacheinander von jeder Gruppe derselbe auf ein Stativ montierte Fön benutzt. Ebenso muss dieser dabei unbedingt bei allen 3 Gruppen denselben Abstand zum Windrad haben. Nur so können die Ergebnisse aussagekräftig interpretiert werden.*

a) *Messt für jede eurer 3 Varianten Strom und Spannung und berechnet die Leistung. Tragt alles in eure Tabelle ein. Anschließend bringt jede Gruppe ihre Tabelle mit und man vergleicht alle Ergebnisse miteinander.*

Anzahl der Rotorblätter:			
Variante (Winkel Kerbe)	Strom I in A	Spannung U in V	Leistung P = U • I in W
V15			
V30			
V45			

6 Experimente mit dem Windrad – Finden der optimalen Rotorenform

Testen der verschiedenen Rotorenformen

EA

Aufgabe 1: **b)** *Nun kann geklärt werden, welche der 9 Rotorenformen, die hier unter gleichen Bedingungen getestet wurden, die beste Leistung erbringt.*

Die beste Leistung erbringt ein Rotor mit

______ Blättern, die mit einem Winkel von

_______ zur Rotorebene (welche senkrecht zum Wind steht) geneigt sind.

c) *Begründet, warum gerade diese Rotorenform am besten geeignet ist, die Windkraft in elektrische Leistung umzuwandeln.*

____

____

____

____

____

____

____

____

____

____

____

____

____

____

____

KOHL VERLAG Lernen mit Erfolg
Experimente zu den erneuerbaren Energien
Upcycling im Physikunterricht – Bestell-Nr. 13 117

6 Experimente mit dem Windrad – Finden der optimalen Rotorenform

Wir lernen Generatoren kennen

Die Funktionsweise des Generators

Bei einem Generator wird mechanische Energie (Drehbewegung) in elektrische Energie (Strom) umgewandelt. Generatoren erzeugen Strom in Kraftwerken, laden Akkumulatoren auf, treiben Maschinen an und sorgen dafür, dass wir überall künstliches Licht haben, sie sind damit für unsere technische Welt unverzichtbar.

Bei allen Generatoren, die mittels elektromagnetischer Induktion arbeiten, wird im Prinzip auf die gleiche Art mechanische Energie in elektrische Energie umgewandelt. Die mechanische Energie wird dem Generator in Form einer Drehung des Rotors zugeführt. Die Umwandlung beruht auf der Lorentzkraft, die auf bewegte elektrische Ladungen in einem Magnetfeld wirkt. Bewegt sich ein Leiter senkrecht zum Magnetfeld, wirkt die Lorentzkraft auf die Ladungen im Leiter in Richtung dieses Leiters und setzt sie so in Bewegung.

Diese Lorentzkraft wird dadurch erzeugt, dass sich der Rotator im Inneren gegenüber dem im Gehäuse feststehenden Stator (Permanentmagnet) dreht. Hierdurch wird in den Leitern oder Leiterwicklungen des Rotators eine elektrische Spannung induziert, die als elektrischer Strom abgegriffen werden kann. Die erzeugte elektrische Leistung (Energie) ist dabei gleich der mechanischen Leistung (Energie) abzüglich der auftretenden Verluste (z. B. durch Reibung). Deshalb muss die Reibung bei unserem Modell möglichst klein gehalten werden.

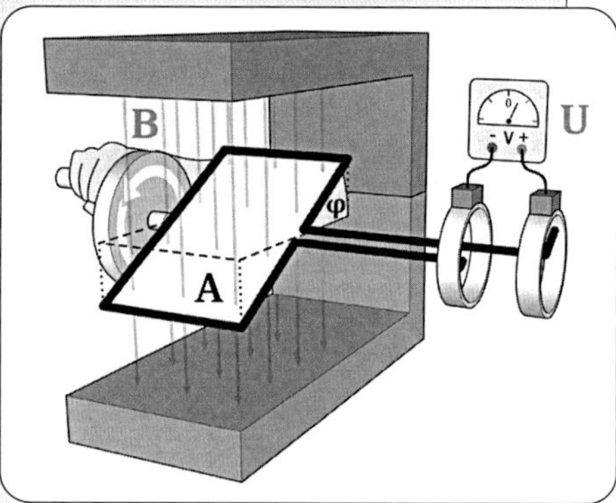

EA

Aufgabe 2: **a)** *Wozu dienen Generatoren?*

____

____

____

b) *Ergänze den Satz: Bei einem Generator wird* ________________ *in*

____________________________ *umgewandelt.*

c) *Was versteht man unter der Lorentzkraft?*

____

____

____

d) *Warum ist die elektrische Leistung eines Generators nicht genauso groß wie die eingesetzte mechanische Leistung?*

____

KOHL VERLAG
Experimente zu den erneuerbaren Energien
Upcycling im Physikunterricht – Bestell-Nr. 13 117

7 Wir bauen einen Savonius-Rotor zur Stromerzeugung

Was versteht man unter einem Savonius-Rotor?

Lehrerinfo

Der Savonius-Rotor kann einen wichtigen Beitrag zur Energiewende leisten. Er funktioniert bei geringen Windgeschwindigkeiten, dabei ist es gleichgültig aus welcher Richtung der Wind weht.

Der Savonius-Rotor ist unkompliziert aufgebaut und kann überall dort montiert werden, wo Luftströmungen entstehen, z. B. durch vorbeifahrende Fahrzeuge (Autos, Züge, LKWs etc.). Das vorliegende Modell ist ein Upcycling Projekt und besteht aus Wertstoffen (Pappe, Holzreste, Plastikflaschen etc.), die hiermit wiederverwendet werden und somit prinzipiell zur CO_2-Reduktion beitragen.

Die Schüler erweitern hiermit folgende Kompetenzen und Fertigkeiten, sie …

- bauen einen Savonius-Rotor aus scheinbar wertlosen Stoffen;
- erkennen den Beitrag, den der Rotor für eine CO_2-freie Stromproduktion leisten kann;
- lernen physikalische Prinzipien kennen (Generatorprinzip, Reibung in Lagern, Stromerzeugung durch Energieumwandlung) etc.;
- trainieren ihre Fertigkeiten und Kompetenzen beim Bau eines Unterrichtsmodells.

Die Lehrer sollten über werktechnische Grundkenntnisse verfügen, den Aufbau eines Generators kennen, sich mit den Fragen der CO_2-freien Stromerzeugung vertraut gemacht haben, Energieumwandlungsketten kennen, Strom- und Spannung mit einem Messgerät erfassen können.

Lernziele

- Energieumwandlungsketten;
- die Funktionsweise eines Generators;
- die Funktion des Rotors einer Savonius-Turbine;
- der Umgang mit Werkzeug und Upcycling-Materialien;
- den Wert dieser Materialien einzuschätzen;
- Strom- und Spannungsmessungen am Rotor durchzuführen;
- Berechnung der elektrischen Leistung

Savonius-artige senkrechte Turbine in Kopenhagen.

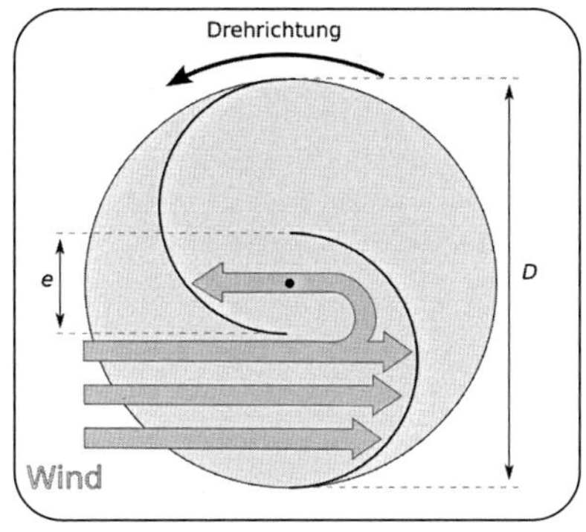

Savonius-Rotor von oben

KOHL VERLAG
Experimente zu den erneuerbaren Energien
Upcycling im Physikunterricht – Bestell-Nr. 13 117

7 Wir bauen einen Savonius-Rotor zur Stromerzeugung

Was versteht man unter einem Savonius-Rotor?

Methodische Hinweise

Dieses Modell des Savonius-Rotors soll durch die Schüler in Gruppenarbeit erstellt und untersucht werden. Das Modell besteht aus:

- einem Grundkasten, in dem der Generator montiert wird;
- einem Lagerbock, in dem sich eine Messinghülse befindet, so dass sich die Welle (Gewindestange) leicht drehen kann und rund läuft; dazu werden als Lager Holzperlen eingesetzt;
- dem Bügel aus Lochband, in dem die Gewindestange gelagert ist;
- dem Rotor, der aus 3 Plastikhalbschalen und 2 Pappscheiben besteht.

Die Schüler bearbeiten die Arbeitsblätter, besprechen den Aufbau des Rotors, schauen sich Lernvideos (vergl. weiterführende Links) hierzu an ... Als Hausaufgabe ist Material zu sammeln und mitzubringen: PET-Flaschen, Pappkartons, Holzperlen, Lochband etc.

Savonius- und Darrieus-Rotor, Swayambhunath, Kathmandu, Nepal

Der Savonius-Rotor besteht aus konkaven und konvexen Halbschalen, die sich mit einer senkrechten Achse drehen und dadurch einen Generator antreiben. Die Bauweise ist sehr kompakt und benötigt dadurch sehr wenig Platz. Der Aufbau ist recht simpel, so dass sehr wenig Material verwendet werden muss, um einen Savonius-Rotor herzustellen.

Er ist besonders für niedrige Windgeschwindigkeiten geeignet und in unterschiedlichen Umgebungen einsetzbar. So findet man ihn auf Hausdächern genauso wie an Autobahnen oder Bahngleisen, wo er durch den Luftzug der vorbeifahrenden Autos oder Züge bewegt wird. Dabei ist es gleichgültig, aus welcher Richtung der Wind auf die Rotorblätter trifft. Das physikalische Prinzip hinter dem Savonius-Rotor ist die Anordnung der Halbschalen:

Experimente zu den erneuerbaren Energien
Upcycling im Physikunterricht – Bestell-Nr. 13 117

7 Wir bauen einen Savonius-Rotor zur Stromerzeugung

Die Funktionsweise des Savonius-Rotors

Trifft ein Windstoß auf eine der Rotorschalen, wird der Teil der Luft, der sich im Innenteil einer Schale verfängt, stärker zusammengedrückt als der Teil, der auf die Außenseite des Rotors trifft. Durch diesen unterschiedlichen Luftdruck beginnt sich der Savonius-Rotor zu drehen. Hierbei drückt die Luft, die durch das Innere des Rotors fließt, gegen die andere Schale. Dadurch trägt jetzt die Luft auf der gegenüberliegenden Rotorseite zur Drehung bei.

Somit tragen an allen Rotorschalen Kräfte zur Drehung bei, egal aus welcher Richtung der Wind weht. Durch die Umlenkung des Luftstroms innerhalb der einzelnen Halbschalen werden dort die Luftteilchen schneller. So erhöht sich auch die Drehgeschwindigkeit des Rotors.

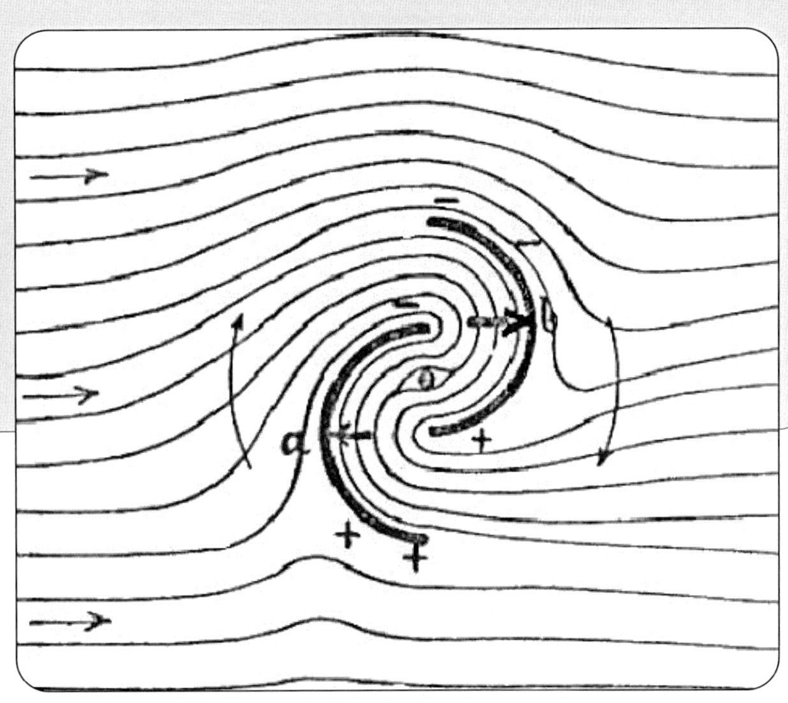

Originalkonstruktion mit 2 Schalen im Gegensatz zu unserem Projekt mit 3 Schalen

EA

<u>Aufgabe 1</u>: **a)** *Nenne die Vorteile des Savonius-Rotors.*

____

____

____

____

b) *Beschreibe die Energieumwandlungskette, die bei der Verwendung des Savanoius-Rotors entsteht. Gib auch ein Pfeilschema an.*

____

____

____

____

KOHL VERLAG Lernen mit Erfolg
Experimente zu den erneuerbaren Energien
Upcycling im Physikunterricht – Bestell-Nr. 13 117

7 Wir bauen einen Savonius-Rotor zur Stromerzeugung

Material- und Werkzeugliste

Materialien:

- Gewindestange M3 • 20 cm, zugehörige Unterlegscheiben, Muttern M3;
- „Coolty Micro 3 Phase AC Mini Generator" mit MicroLED;
- Pappkarton;
- 0,5 ltr PET-Flasche;
- Holzleiste 4 • 1 cm, 30 cm lang;
- Holzperlen mit 3 mm Bohrung;
- Lochband;
- dünne Holzplatte 25 • 25 cm;
- Messinghülse 4 mm • 1 cm;
- Lüsterklemmenhülse

Werkzeuge:

- Zirkel;
- Feinsäge;
- Heißkleber;
- kleiner Schraubendreher;
- Bleistift;
- Metallsäge;
- Filzstift;
- Akkuschrauber mit 4 mm Holzbohrer
- Lineal;
- Alleskleber;
- Nähmaschinennöl;

Mögliche Aufteilung beim Bau des Modells in Gruppenarbeit:	
1. Bau des Grundkastens 2. Bau des Lagerbocks 3. Bügel aus Lochband knicken 4. Bau des Rotors 5. Endmontage des Savonius-Rotors	Für Gruppenmitglieder, die vorzeitig ihre Aufgaben erledigt haben, stehen Zusatzaufgaben zur Verfügung.

7 Wir bauen einen Savonius-Rotor zur Stromerzeugung

Materialien und Bauanleitungen für die Gruppenarbeit

Bau des Grundkastens

a) Grundplatte aus Sperrholz, Maße 25 • 20 • (0,3-0,5) cm;
b) Holzleisten 25 • 3 • (1-2) cm;
c) Bohrung 4 mm in der Mitte der Grundplatte; (Hier wird die Welle des Generators durchgesteckt.)
d) Bohrung 4 mm, Abstand 6 cm von der Mitte, auf der Mittellinie für die MicroLED;
e) Zusammenfügen der Bauteile durch Heißkleber oder Holzleim

Bau des Lagerbocks

a) Platte 4 cm • 12 cm • (3-5 mm);
b) Stützen 3 cm • 1 cm • 4 cm;
c) Bohrung 4 mm in der Mitte der Platte;
d) Ablängen einer 1 cm Hülse aus Messingrohr, Innendurchmesser 4 mm;
e) Einschlagen oder Kleben der Hülse

Bügel aus Lochband knicken – zur Lagerung der Welle

a) 55 cm des 1,2 cm-Lochbandes ablängen;
b) Biegen des Lochbandes: 2,5 cm + 17,5 cm + 15 cm +17,5 cm + 2,5 cm;
c) darauf achten, dass immer rechte Winkel entstehen, Knickrichtungen siehe Bild, das Band muss in einer senkrechten Ebene verlaufen!

KOHL VERLAG Lernen mit Erfolg
Experimente zu den erneuerbaren Energien
Upcycling im Physikunterricht – Bestell-Nr. 13 117

7 Wir bauen einen Savonius-Rotor zur Stromerzeugung

Materialien und Bauanleitungen für die Gruppenarbeit

Bau des Rotors

Du benötigst eine 0,5 ltr PET-Flasche, eine Schere und ein Lineal.

a) Entferne das Papier, das um die Flasche geklebt ist, und kürze es so weit, dass es genau „auf Stoß“ ohne Überlappen um die Flasche passt. Versehe es mit zwei parallelen Linien, so dass sich 3 gleiche Teile ergeben.

b) Lege das Papier erneut um die Flasche und übertrage die Linien mit Filzstift, bringe sie dort auf 10 cm Höhe und ergänze oben und unten einen Kreis um die Flasche.

c) Zerschneide die Flasche so, dass du 3 gleich große Rotorschalen erhältst.

d) Zeichne auf einem stabilen Pappkarton mit dem Zirkel einen Kreis mit 12 cm Durchmesser auf. (2 Stück anfertigen)

e) Schneide die beiden Pappscheiben mit der Schere aus. Markiere jede Scheibe am Rand mit 3 Punkten – um 120° versetzt.

f) Länge eine Gewindestange auf 18 cm ab.

g) Durchbohre beide Pappscheiben mit der Gewindestange.

h) Fixiere die beiden Pappscheiben mit Unterlegscheiben und Muttern M3 im Abstand der Höhe der Plastikschalen (10 cm). Die Gewindestange ragt oben und unten jeweils 4 cm aus der jeweiligen Pappscheibe heraus.

i) Achte darauf, dass alles parallel und im rechten Winkel erfolgt.

j) Klemme die Rotorschalen versetzt so dazwischen, dass die Endpunkte der Schalen außen über den markierten Punkten liegen und innen einen Abstand von ca. 1 cm zur Welle (Gewindestange) haben.

k) Befestige die Rotorschalen mit Alleskleber. Achte darauf, dass sie nicht verrutschen.

Endmontage des Savonius-Rotors

a) Befestige den Generator mit Heißkleber unter der Grundplatte, so dass die Achse auf der anderen Seite nach oben herausragt.

b) Stecke die angeklemmte LED durch die Bohrung und fixiere sie mit Heißkleber.

c) Schraube die Lüsterklemmenhülse auf die Achse des Generators.

d) Schmiere die Hülse im Lagerbock mit einem Tropfen Nähmaschinenöl.

e) Schiebe eine Holzperle auf den unteren Teil der Welle und stecke die Welle durch die Hülse im Lagerbock.

f) Bestreiche die Lagerbockstützen mit Klebstoff, stecke die Welle des Rotors in die Lüsterklemmenhülse an der Generatorachse, achte auf senkrechten Stand und drücke den Lagerbock fest.

g) Schraube die Welle in der Lüsterklemmenhülse fest. Der Rotor muss sich nun leicht drehen lassen!

h) Stecke 2 Holzperlen auf den oberen Teil der Welle.

i) Führe den Bügel über die Welle, so dass diese etwa 1 cm über den Bügel hinausragt.

j) Probiere aus, ob die Welle rundläuft.

k) Befestige den Bügel mit Heißkleber auf der Grundplatte.

l) Schiebe eine Holzperle auf die Welle, die aus dem Bügel ragt. Schraube eine Mutter M3 auf die Welle, so dass die Perle aber nicht eingeklemmt ist. Fixiere die Mutter mit Heißkleber.

m) Probiere den Savonius-Rotor aus. Die LED sollte schon bei einem kleinen Luftstoß leuchten! Wenn nicht, läuft der Rotor nicht rund und klemmt irgendwo.

7 Wir bauen einen Savonius-Rotor zur Stromerzeugung

Fragen zum Savonius-Rotor

EA

Aufgabe 2: a) *Warum werden Holzperlen zur Lagerung der Bauteile verwendet? Schau dir dazu die Form der Perlen am Savonius-Rotor genau an.*

b) *Drehe die Achse des im Savonius-Rotor eingebauten Generators mit der Hand. Drehe anschließend die Achse eines Minimotors mit der Hand. Was stellst du fest? Begründe deine Beobachtung.*

c) *Entferne beim Savonius-Rotor die LED und schließe ein Messgerät an. Puste zehn Sekunden auf die Rotorschalen und setze sie damit in Bewegung. Miss die dabei entstandene Spannung bzw. Stromstärke. Berechne die verrichtete elektrische Arbeit bzw. erzeugte elektrische Energie E.*

Hinweis: Die beim Drehen der Generatorachse verrichtete Arbeit wird durch den Generator in elektrische Energie umgewandelt.
Die Formel hierzu lautet $E = P \cdot t = U \cdot I \cdot t$.
(U = Spannung, I = Stromstärke, t = Zeit, P = Leistung, E = Energie bzw. Arbeit)

EA

Aufgabe 3: *Bringe die Sätze durch Nummerierung von 1-7 in die richtige logische Reihenfolge.*

	Durch die Umlenkung des Luftstroms innerhalb der einzelnen Halbschalen werden dort die Luftteilchen schneller.
	Dadurch trägt die Luft auf der gegenüberliegenden Rotorseite zur Drehung bei.
	Trifft ein Windstoß auf eine der Rotorschalen, wird der Teil der Luft, der sich im Innenteil einer Schale verfängt, stärker zusammengedrückt als der Teil, der auf die Außenseite des Rotors trifft.
	Hierbei drückt die durch das Rotorinnere fließende Luft gegen die andere Schale.
	So erhöht sich auch die Drehgeschwindigkeit des Rotors.
	Somit tragen an allen Schalen Kräfte zur Rotation bei, egal woher der Wind weht.
	Durch diesen unterschiedlichen Luftdruck beginnt sich der Rotor zu drehen.

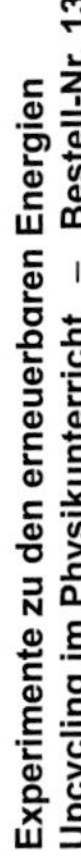

8 Der Luftwiderstand bei Velomobilen

Geschichte / Luftwiderstandskraft

Lehrerinfo

Geschichte des Velomobiles

Velomobile haben sich aus den Liegerädern der 80er- und 90er-Jahre des 19. Jahrhunderts entwickelt. Im Prinzip handelt es sich also bei einem Velomobil um ein Liegerad mit Vollverkleidung, wobei der cW-Wert der Karosserie immer eine Rolle spielt. Die Karosserie des Velomobils bestand anfangs aus Sperrholz, heute besteht sie häufig aus glasfaserverstärktem oder carbonfaser-verstärktem Kunststoff (GFK oder CFK), seltener aus Aluminium. Festzuhalten ist, dass bei der Entwicklung des Velomobiles der Beachtung des Luftwiderstandes eine entscheidende Bedeutung zukam.

Alltags-Velomobile sind in der Regel Liegerad-Trikes, haben also drei Räder, um Kippsicherheit zu gewährleisten. Zudem erleichtert das dritte Rad das Ein- und Aussteigen, Losfahren und Anhalten. Der Innenraum beherbergt, je nach Ausführung, mehrere Sitze, die Pedalsätze und den Lenker. Ein Velomobil mit Straßenzulassung ist rechtlich dem Fahrrad gleichgestellt und verfügt natürlich über eine entsprechende Ausstattung wie Scheiben- oder Trommelbremsen, Beleuchtung, Gangschaltung ...

Der Luftwiderstand beim Velomobil

Unter Luftwiderstand versteht man in der Physik die hemmende Kraft, wenn sich ein Körper in der Luft bewegt oder wenn ein ruhender Körper strömender Luft ausgesetzt wird. Der Luftwiderstand ist dabei von folgenden Faktoren abhängig:

a) von der Größe des Körpers;
b) von seiner Form;
c) von der Oberflächenbeschaffenheit;
d) von der Geschwindigkeit der Strömung oder der Bewegung des Körpers in der Luft.

Hierbei gilt bei Luft folgende Formel: $F_{LR} = \frac{1}{2} \cdot A \cdot c_W \cdot \rho_{Luft} \cdot v^2$

Dabei bedeutet:

F_{LR} = die Luftwiderstandskraft (oder einfach der Luftwiderstand);
A = Fläche(Querschnitt des Körpers);
c_W = Luftwiderstandsbeiwert (auch c_W-Wert oder Strömungswiderstandskoeffizient), hängt von der Form und Oberflächenbeschaffenheit des Körpers ab; er wird durch ein Experiment im Windkanal ermittelt; Wert ohne Einheit;
ρ_{Luft} = Dichte der Luft, bezogen auf einen Luftdruck von 726 mm Quecksilbersäule und 10 °C; sie beträgt 1,25 kg/m³;
v = Strömungsgeschwindigkeit der Luft.

Lernziele

- die historische Entwicklung von Velomobilen;
- die Bedeutung des c_W-Wertes für die Konstruktion;
- die Faktoren zur Berechnung des Luftwiderstands F_{LR};
- den Zusammenhang dieser Faktoren (Formel für F_{LR});
- den entsprechenden Energieaufwand berechnen.

Experimente zu den erneuerbaren Energien
Upcycling im Physikunterricht – Bestell-Nr. 13 117

8 Der Luftwiderstand bei Velomobilen

Einführung des c_w-Wertes

Methodische Hinweise

Die Schüler sollten die Begriffe Energie, Energie- und Verkehrswende sowie den Zusammenhang E = F • s kennen. Weiterhin sollten sie Einheitengleichungen aufstellen können

Felix ist spät dran

Felix hatte den Rucksack mit den Schulsachen am Abend vorher schon gepackt, und das war auch gut so. Denn es war bereits viertel vor Acht und er war fast schon zu spät dran, um den Physikunterricht von Herrn Drögemüller rechtzeitig zu erreichen. Er musste sich beeilen, denn Unpünktlichkeit konnte Herr Drögemüller nicht ab, und Felix' Physiknote war alles andere als berauschend. Grund genug, ohne Frühstück in die Pedale zu treten. In der Eile hatte er seinen Helm vergessen und seine Haare flatterten im Wind. Seine Regenjacke konnte er nicht zumachen, weil der Reißverschluss klemmte. Das von seinem älteren Bruder geerbte Fahrrad besaß einen hohen Lenker, sodass er aufrecht sitzen musste, als er sich gegen den Wind stemmte. Dann setzte der leichte Nieselregen ein, der seine Brille beschlagen ließ, und er wäre fast ohne anzuhalten über die Kreuzung gefahren, an der die Ampel kurz vor ihm von gelb auf rot sprang. Als dann neben ihm auch noch das stromlinienförmige Velomobil von Herrn Drögemüller vorbeischoss, war es endgültig um seine Laune geschehen. Viel später saß er ausgelaugt und klatschnass als letzter auf seinem Stuhl und rieb seine Brille trocken, während Herr Drögemüller folgende Übersicht mit dem Beamer zeigte.

Luftstrom → immer von links (Fahren von rechts nach links)		c_w
vorn offen, hinten Halbkugel (z. B. Fallschirm)		1,4
Scheibe oder Platte		1,2
vorn geschlossen, hinten Halbkugel		1,2
langer Zylinder		0,8
Kugel		0,4
vorn Halbkugel, hinten geschlossen		0,4

Luftstrom → immer von links (Fahren von rechts nach links)		c_w
vorn Halbkugel, hinten offen		0,35
vorn Kegel, hinten Halbkugel		0,18
vorn Halbkugel, hinten Kegel		0,08
Stromlinien-form		0,05
Pinguin		0,04
Der cW-Wert eines Körpers hängt von seiner Form und Oberflächenbeschaffenheit ab.		

EA

Aufgabe 1: *Kannst Du Felix helfen? Was hätte er besser machen müssen, um doch noch rechtzeitig den Unterricht zu erreichen? (Damit ist nicht gemeint, dass er früher hätte losfahren müssen!) Schreibe deine Vorschläge auf ein Extra-Blatt.*

Experimente zu den erneuerbaren Energien
Upcycling im Physikunterricht – Bestell-Nr. 13 117

8 Der Luftwiderstand bei Velomobilen

Berechnung von Luftwiderstandskraft F_{LR} und Energie E

Hinweise: Hier siehst Du eine Formel, die die Kraft berechnet, die Felix aufbringen muss, um gegen den Luftwiderstand anzukommen.

$$F_{LR} = \frac{1}{2} \cdot A \cdot c_W \cdot \rho_{Luft} \cdot v^2$$

Dabei bedeutet:

F_{LR} = die Luftwiderstandskraft (oder einfach der Luftwiderstand);

A = Fläche(Querschnitt des Körpers);

c_W = Luftwiderstandsbeiwert (auch cW-Wert oder Strömungswiderstandskoeffizient), hängt von der Form und Oberflächenbeschaffenheit des Körpers ab; er wird durch ein Experiment im Windkanal ermittelt; Wert ohne Einheit;

ρ_{Luft} = Dichte der Luft, bezogen auf einen Luftdruck von 726 mm Quecksilbersäule und 10 °C; sie beträgt 1,25 kg/m³;

v = Strömungsgeschwindigkeit der Luft relativ zum Körper.

Beim Fahren muss man allein zur Überwindung des Luftwiderstands (ohne Rollreibung und Anstiege) folgende Arbeit verrichten bzw. Energie einsetzen: $E = F_{LR} \cdot s$. Die Einheit von E ist 1 Nm (Newtonmeter) = 1 J (Joule).

EA

Aufgabe 2: **a)** *Berechne F_{LR} für $c_W = 0{,}35$; $A = 0{,}9\ m^2$; $v = 9$ km/h; ρLuft = 1,25 kg/m³. Beachte, dass du zuerst km/h in m/s umrechnen musst, bevor du den Wert in die Gleichung einsetzen kannst, da die Kraft F_{LR} die Einheit*

$$1\ N = \frac{1\ kg \cdot 1\ m}{1\ s^2}\ \text{hat.}$$

Setze alle Einheiten mit in die Formel ein, beachte dass c_W keine Einheit hat.

b) *Sein Schulweg hat die Länge s = 5 km. Berechne die Energie, die er allein zur Überwindung des Luftwiderstands aufbringen muss.*

c) *Wovon ist F_{LR} abhängig und wovon ist c_W abhängig?*

d) „Die Energie zum Überwinden des Luftwiderstands wächst mit dem Quadrat der Geschwindigkeit (unter sonst gleichen Bedingungen)."

Nach dieser Aussage entspricht z. B. die 2-fache Geschwindigkeit der 4-fachen Energie. ($2^2 = 4$). Weise dies an folgendem Beispiel nach: $v_1 = 5$ m/s und $v_2 = 10$ m/s sowie $A = 1\ m^2$, $c_W = 0{,}28$, s = 10 km.

e) *Führe dieselben Rechnungen wie bei d), jedoch mit einem stromlinienförmigen Körper ($c_W = 0{,}05$) durch. Wie viel Energie kannst du jeweils bei den Geschwindigkeiten $v_1 = 5$ m/s und $v_2 = 10$ m/s sparen?*

Experimente zu den erneuerbaren Energien
Upcycling im Physikunterricht – Bestell-Nr. 13 117

8 Der Luftwiderstand bei Velomobilen

Vom Kettenantrieb zum Liegerad

Nachdem sich der Kettenantrieb im Fahrradbau in den 80er- und 90er-Jahren des 19. Jahrhunderts durchgesetzt hatte, entwickelten Erfinder zahlreiche Varianten dieses Konzepts. Dabei wurde mit der Anordnung des Tretlagers experimentiert. Für alle Liegeräder trifft zu, dass sich das Tretlager oberhalb des Vorderrades befindet. Vom Kurzlieger spricht man dann, wenn das Tretlager vor dem Vorderrad liegt, vom Langlieger, wenn sich das Tretlager hinter dem Vorderrad befindet. Die ersten Vorläufer des heutigen Liegerades waren das französische Fauteuil-*Velociped* mit Ballonreifen aus dem Jahr 1893, das Liegerad von Ferdinand Krafft aus Saarbrücken, das Liegerad von Drewitz und das Sesselrad des Schweizer Herstellers *Challand* (1895). Ein Sesselrad (auch Scooterbike) ist ein Fahrrad, das über einen Sitz mit Lehne verfügt. Weil sich das Tretlager deutlich vor dem Sitz befindet, werden Sesselräder zu den Liegefahrrädern gezählt, auch wenn die Position nicht liegend ist. Ein Sesselrad kombiniert den Komfort von Liegerädern mit der hohen Sitzposition aufrechter Fahrräder. In den folgenden Jahren wurden bereits die heutigen Basistypen der Fahrradbauweise entworfen, wie das Bauchliegerad *Mr. Darling* (1896) (wobei der Fahrer auf dem Bauch liegt und sich die Pedale am Hinterrad befinden) und das *Brown-Recumbent*, der Vorläufer des Chopper/Scooter-Rades, das um die Jahrhundertwende in den USA entwickelt wurde. Bei den ersten Modellen handelte es sich allesamt um Langlieger.

1914 bot Peugeot das erste in Großserie produzierte Liegerad an, das auf dem Brown-Recumbent basierte. In den 1920er-Jahren baute der Luftfahrtpionier Paul Jaray das J-Rad. Das J-Rad besaß statt Pedalen Trethebel, die über Drahtseile das Hinterrad antrieben, wurde ebenfalls in Serie hergestellt und war erfolgreich. Ein Jahrzehnt später entwickelten Charles Mochet und sein Sohn Georges das *Velocar*, das erste Liegerad, das sportlich erfolgreich genutzt wurde. Auf dem Bild unten sind frühe Liegeräder von Mochet Velocar (Mitte) und Velostable (rechts) aus den 1930er-Jahren zu sehen, die später mit einer Holzkarosserie versehen wurden, den ersten „*Wooden Pedalcars*“. Der Internationale Radsport Verband (UCI) erlaubte damals noch die Teilnahme von Liegerädern am offiziellen Wettkampfbetrieb. Das Liegerad von Mochet stellte 1933 mit 45,056 km einen Stundenweltrekord auf. Diese Geschwindigkeit wurde erst fünf Jahre später von einem herkömmlichen (unverkleideten) Rennrad erreicht.

Experimente zu den erneuerbaren Energien
Upcycling im Physikunterricht – Bestell-Nr. 13 117

Der Luftwiderstand bei Velomobilen

Vom Kettenantrieb zum Liegerad

EA

Aufgabe 3:

a) Welchen c_W-Wert ordnest du dem Liegerad auf dem Bild zu? ____________________

b) Was ist das Kennzeichen eines Liegerades?

____

c) Unterscheide Kurzlieger von Langliegern.

____

____

____

d) Welche Vorteile bzw. Nachteile, bezogen auf den cW-Wert, siehst du bei den beiden Konstruktionen (Kurz-/Langlieger)?

____

____

____

e) Warum werden Sesselräder hergestellt? Berücksichtige dabei die Frage, bei welcher Konstruktion du die größte Kraft auf die Pedalen ausüben kannst.

____

____

____

f) Worin unterscheidet sich das J-Rad von anderen Liegerädern? Wie bewertest du diese Konstruktion?

____

____

____

g) Welches Liegerad stellte einen Geschwindigkeitsweltrekord auf?

____

____

Experimente zu den erneuerbaren Energien
Upcycling im Physikunterricht – Bestell-Nr. 13 117
KOHL VERLAG

8 Der Luftwiderstand bei Velomobilen

Das Velomobil als Retter in der Kriegs- und Nachkriegszeit …

… in Frankreich

Die von Charles Mochet in den 20er- und 30er-Jahren des 20. Jahrhunderts entwickelten pedalgetriebenen Velocars bestanden aus Sperrholz und hatten einen offenen Boden über einem Stahlrohrrahmen. Sie waren leicht genug, um von zwei Erwachsenen mit Lebensmitteln und sogar Kindern durch Pedalkraft vorwärts (kein Rückwärtsgang!) bewegt zu werden. Vor dem Ersten Weltkrieg hatte Mochet kleine, sehr leichte Autos gebaut. Seine Frau brachte ihn auf die Idee, pedalgetriebene, vierrädrige Fahrzeuge zu entwickeln. Sie hatte die Befürchtung, dass sich ihr damals 9jähriger Sohn Georg beim Fahrradfahren verletzen könnte. Wenig später entwickelte sich aufgrund der Weltwirtschaftskrise ein Bedarf für diese Fahrzeuge, und Mochet entschied sich, die Fertigung von Automobilen einzustellen und sich ganz der Konstruktion von Velomobilen zu widmen. Er baute ein zweisitziges, vierrädriges, pedalgetriebenes Fahrzeug für Erwachsene, das er Velocar nannte.

Da sich die Arbeiter- und Mittelschicht der Franzosen aufgrund der schlechten wirtschaftlichen Situation nach dem Ersten Weltkrieg kein herkömmliches Automobil leisten konnte, fand das Wooden Velocar regen Absatz. Zwischen 1925 und 1944 stellte Mochet rund 6000 Velocars her. Bis in die 1930er Jahre verzeichnete das Velocar steigende Verkaufszahlen. Auch während des Zweiten Weltkriegs, als es kein Benzin gab, stießen Mochets Velocars noch auf reges Interesse in der Zivilbevölkerung. Selbst der französische Widerstand benutzte Velocars, da das Benzin von den Nazis beschlagnahmt worden war.

… in den USA

In den von der Weltwirtschaftskrise gebeutelten USA fanden die Velocars von Mochet viele Käufer. 1925 fertigte Mochet Vélocars auf Bestellung. In einem Interview von 2001 erinnerte der Sohn, Georges Mochet, sich daran, dass sein Vater „eines pro Woche und dann eines pro Tag verkauft hat“. Die ersten Vélocars hatten 1-2 Sitzplätze und entsprechend viele Pedalsätze. Die Pedale sind durch Ketten mit einer unter dem Sitz befindlichen Zwischenantriebswelle, verbunden. Diese beiden Ketten, mit unterschiedlichen Übersetzungsverhältnissen, treiben die Hinterachse an. Um die Gänge zu wechseln, bewegt man den Befestigungspunkt der Kette mit einem Hebel zwischen den Sitzen zu den Kurbeln.

Nach dem Zweiten Weltkrieg fingen die Besitzer der Vélocars an, kleine, leichte Motoren nachzurüsten. Nach dem Tod seines Vaters übernahm Georges Mochet die Fertigung der Velocars und begann, die Fahrzeuge mit beiden Pedalen und einem 100 cm³-Motor zu verkaufen. Als sich die europäischen Wirtschaftsbedingungen in den 1950er-Jahren verbesserten, geriet der Vélocar erneut in Vergessenheit. Mochet begann, sich auf San Permis-Fahrzeuge (man benötigt hierfür keinen Führerschein) ohne Pedale zu konzentrieren.

KOHL VERLAG
Experimente zu den erneuerbaren Energien
Upcycling im Physikunterricht – Bestell-Nr. 13 117

8 Der Luftwiderstand bei Velomobilen

Das Velomobil als Retter in der Kriegs- und Nachkriegszeit …

… in Skandinavien

Der Velomobil-Selbstbau in Skandinavien erreichte in den Jahren um den 2. Weltkrieg, aufgrund der kriegsbedingten Mangelwirtschaft, seine erste Blüte. Das bekannteste skandinavische Velomobil ist das „Fantom“, das lediglich als Bauplan erhältlich war. Es wurde in den 1940er-Jahren nach Plänen von Hobbybastlern in Schweden hergestellt. Die Bauanleitung erfreut sich auch heute noch unter DIY („Do it yourself“)-Enthusiasten großer Beliebtheit.

EA

Aufgabe 4: **a)** Warum hatte das pedalgetriebene Velocar von Mochet einen offenen Boden?

____

b) Welche Gründe gab es für Mochet ein Velomobil zu bauen?

____

____

c) Spielte dabei der cW-Wert der Karosserie eine Rolle?

____

____

____

d) Warum waren die Velomobile nach dem 1. Weltkrieg ein wirtschaftlicher Erfolg?

____

____

e) Welches Fahrzeug (1. vorherige Seite, 2. oben) hat einen besseren cW-Wert?

____

____

____

____

f) Welche wichtige technische Verbesserung wurde eingeführt?

____

g) Nenne Gründe für das weiterhin bestehende Interesse an Velomobilen während des zweiten Weltkriegs und auch danach.

____

____

____

____

Experimente zu den erneuerbaren Energien
Upcycling im Physikunterricht – Bestell-Nr. 13 117
KOHL VERLAG

8 Der Luftwiderstand bei Velomobilen

Moderne Velomobile

Angesichts der Herausforderungen der Energiewende entwickeln Tüftler neue Ideen für moderne Velomobile. Eines dieser Konzepte ist das *Frikar* von der Firma *Podbike*. Die Entwickler aus Norwegen haben konsequent auf Sicherheit beim Fahren gesetzt und daher genau wie damals die Firma Mochet mit ihrem *Velocar* ein Velomobil mit 4 Rädern entwickelt.

Allerdings ist das Fricar im Gegensatz zum Velocar nur ein Einsitzer, der sich gegenüber diesem jedoch durch eine windschnittige Vollverkleidung auszeichnet. Als Antrieb dient nicht nur die Muskelkraft des Fahrers, sondern auch ein Elektromotor.

EA

Aufgabe 5: **a)** Welche Konstruktionselemente hat das „Frikar" vom „Velocar" von Mochet übernommen?

___

___

___

b) Was ist das Neue an der Konstruktion des „Frikar"?

___

___

___

c) Was hältst du von der Aerodynamik des „Frikar"?

___

___

d) Was würdest du den Entwicklern als Innovation vorschlagen und warum?

___

___

___

___

e) Bewerte folgende Verkehrsmittel. Fülle die Tabelle aus.

	Velomobil	Auto	Fahrrad	E-Bike
Anschaffungspreis				
Unterhaltskosten				
Umweltfreundlichkeit				

Experimente zu den erneuerbaren Energien
Upcycling im Physikunterricht – Bestell-Nr. 13 117

Lösungen

1 Wir bauen einen Elektro-Flitzer

Aufgabe 1:

a) Das Fahrzeug muss sehr leicht sein, die Achsen und Räder müssen leicht laufen. Es soll möglichst wenig Reibung entstehen. Die Räder müssen genau rechtwinklig zur Achse angebracht werden, damit sie nicht „eiern".

b) Aus chemischer Energie wird elektrische Energie, die in Dreh-Bewegungsenergie und anschließend in geradlinige Bewegungsenergie umgesetzt wird.

2 Die Solartankstelle – Experimente mit der Photovoltaik

Aufgabe 1: Eine Solarzelle ist eine sogenannte Fotodiode. Diese Dioden wandeln einen Teil der auftreffenden Strahlungsenergie des Lichts direkt in elektrische Energie um. Fotozellen bestehen aus Silizium. Dabei wird zwischen n-leitendem und p-leitendem Silizium unterschieden. Dazwischen liegt eine Sperrschicht. Durch die Lichteinstrahlung trennen sich Elektronen von ihren Atomen. Dadurch entstehen Fehlstellen (Löcher) im Kristall, die wie positive Ladungen wirken. Diese Ladungen sammeln sich an der Grenze zweier unterschiedlich leitender Halbleiterschichten. Die so entstehende Spannung treibt einen Strom in einem äußeren Stromkreis an.

Aufgabe 2:

a) zur Hausversorgung (Solarzellen sind auf Dächern montiert), Parkuhren, Taschenrechner, Solaruhren (funktionieren mit Solarstrom) etc.

b) Es entsteht kein CO_2. Die Solarzellen lassen sich einfach auf Freiflächen montieren.

c) Sie liefern nur Strom bei direkter Beleuchtung. Der nicht sofort gebrauchte Strom muss gespeichert werden.

Aufgabe 3:

a)

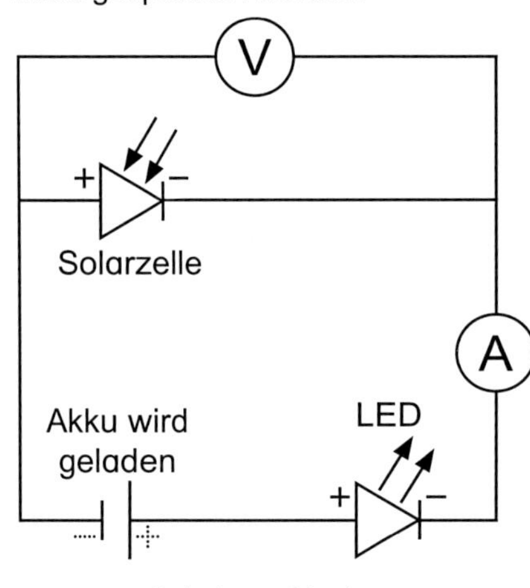

Schaltung Nr. 1

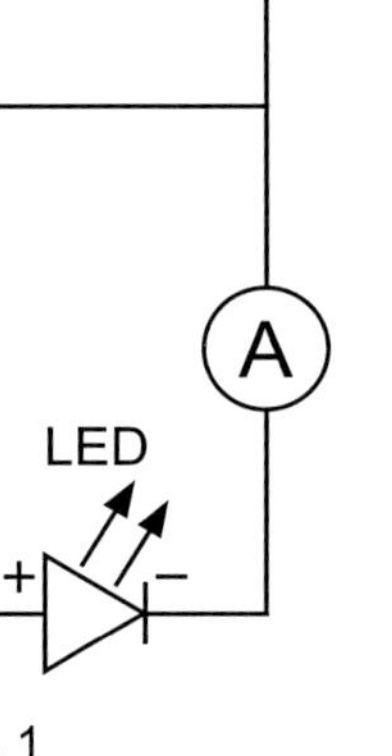

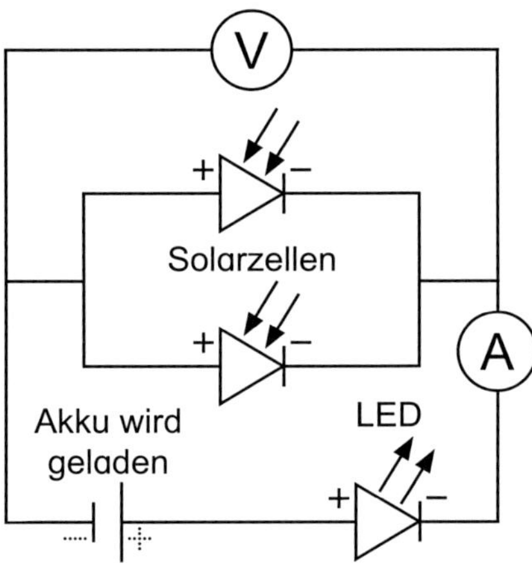

Schaltung Nr. 3

b)

Schaltung	Auswirkung	U	I	P = U • I
Schaltung mit 1 Solarzelle	Es wird nicht genug Strom erzeugt, um die LED zum Leuchten zu bringen.	1,2 V	0,2 A	0,24 W
Reihen-schaltung mit 2 Solarzellen	Die Spannung verdoppelt sich, der Strom bleibt derselbe.	2,4 V	0,2 A	0,48 W
Parallel-schaltung mit 2 Solarzellen	Die Spannung bleibt dieselbe. Der Strom verdoppelt sich.	1,2 V	0,4 A	0,48 W

c) Jede Solarzelle hat eine Spannung von 1,2 V. Es müssen also mindestens zwei eingesetzt werden, und zwar in Reihe geschaltet (2. Zeile d. Tabelle).

3 Experimente mit Brennstoffzellen

Aufgabe 1:

a) Durch die angelegte Spannung wird das Wasser in Wasserstoff, der am Minuspol aufsteigt, und in Sauerstoff, der am Pluspol aufsteigt, zerlegt.

b) Er besteht aus destilliertem Wasser und Salz.

c) Durch Zusammenführung der Gase Wasserstoff und Sauerstoff.

d) Wasserstoff und Sauerstoff werden im Elektrolyten wieder zu Wasser zusammengeführt, dabei entsteht elektrische Energie.

Lösungen

3 Experimente mit Brennstoffzellen

Aufgabe 2:

a) Wasserstoff ist leicht brennbar. Wenn er mit Sauerstoff und einer Flamme in Berührung kommt, entstehen Verpuffungen.

b) Am Pluspol steigt Sauerstoff (O_2) auf, am Minuspol steigt Wasserstoff (H_2) auf. Da Wasser (H_2O) aus zwei Wasserstoffatomen und einem Sauerstoffatom besteht, enthalten alle Wassermoleküle zusammen doppelt so viele Wasserstoff- wie Sauerstoffatome. Wenn diese nun getrennt werden und jeweils eigene Moleküle bilden, also H_2 und O_2, dann entstehen doppelt so viele H_2- wie O_2-Moleküle, im sichtbaren Ergebnis (Bläschen) entsteht also doppelt so viel Wasserstoff wie Sauerstoff.

c) Es fließt wenige Sekunden lang ein Strom, der die LED zum Leuchten bringt.

d) Tabelle: Individuelle Lösungen
Es wird viel Strom (Energie) benötigt um Wasser in Wasserstoff und Sauerstoff zu spalten. Das entstandene Gas ist aufgestiegen und verbindet sich wieder zu Wasser. Dabei entsteht nur ein kleiner Strom. Unsere einfache Brennstoffzelle hat einen starken Energieverlust.

e) Der Elektrolyt ist gesättigt. Es sind keine freien Elektronen mehr vorhanden.

Aufgabe 3:

a) Individuelle Lösungen

b) Es gilt $\eta = P_{ab} / P_{zu} < 1$. Es muss sehr viel mehr Energie zur Elektrolyse aufgewendet werden, als Energie entsteht, wenn „der Vorgang umgekehrt wird". Für die Wasserstoffproduktion muss sehr viel elektrische Energie aufgewendet werden. Wenn Wasserstoff als Speicher verwendet wird, ist der Wirkungsgrad η sehr klein.

Aufgabe 4:

a) Genau wie beim Trafo gilt: Plus der Solarzellen-Reihe an Plus der Brennstoffzelle sowie Minus an Minus.

b) Mindestens 2. Die Ausgangspannung der Solarzelle beträgt 1,2 V. Um die Elektrolyse in Gang zu setzen, müssen wenigstens 2 Solarzellen in Reihe eingesetzt werden.

4 Wir bauen ein Elektro-Fahrrad mit Reibradrollenmotor

Aufgabe 1:

a + b) Individuelle Lösungen
Je nach eingelegtem Gang dreht sich das Hinterrad schneller oder langsamer. Es gilt: Je höher die Drehzahl des Hinterrades ist, umso größer sind erzeugter Strom und erzeugte Spannung. Je schneller das Fahrrad also tatsächlich fahren würde, desto heller würde eine angeschlossene Lampe leuchten.

Das Produkt aus Strom und Spannung wird als elektrische Leistung P bezeichnet, es gilt $P = U \cdot I$. Die elektrische Arbeit/Energie E ergibt sich aus dem Produkt $E = U \cdot I \cdot t$ nach Einsetzen der Gleichung $P = U \cdot I$ für P als $E = P \cdot t$. Arbeit ist daher eine während einer bestimmten Zeit erbrachte Leistung.

c) Je nach Gang dauert es mehr oder weniger lange, bis Motor und Armkraft die volle Leistung auf den Dynamo übertragen können. Hat er diesen Zustand einmal erreicht, erzeugt der Dynamo eine konstante elektrische Leistung P. Würde man erst jetzt beginnen, die Zeit zu stoppen, dann würde sich im Teil b) als Kurve eine Gerade mit der Gleichung $E = P \cdot t$ ergeben. Diese hätte die Steigung P.

Vom Ruhezustand aus gemessen hat man keine Gerade, diese ergibt sich dann erst später. Im kleinsten Gang ist der Widerstand am geringsten, daher wird hier eine maximale Leistung am ehesten erreicht.

Aufgabe 2: Individuelle Lösungen

Aufgabe 3:

a) Individuelle Lösungen

b) Wenn wir den Abstand zwischen den Marken kleiner, aber stets gleich groß wählen würden, z. B. halb so groß, also 2,5 m statt 5 m, so hätten wir doppelt so viele Marken, 12 statt 6. Die errechneten Durchschnittsgeschwindigkeiten würden von den tatsächlichen, also der sich auf einem kleineren Stück Strecke und Zeit ständig ändernden Momentangeschwindigkeit, weniger abweichen, und somit ein genaueres Bild der Realität liefern.

In der Theorie könnte man dieses Halbieren des Abstands immer wieder fortführen, praktisch käme man aber schnell an eine Grenze, denn beim Stoppen vieler ganz kurzer Zeiten würden viele Fehler entstehen, die Ergebnisse unbrauchbar werden. (Und so viele Stoppuhren hätte man gar nicht.) Theoretisch käme man aber der realen Geschwindigkeit in einem Moment auf diese Weise immer näher.

9 Lösungen

4 Wir bauen ein Elektro-Fahrrad mit Reibradrollenmotor

Aufgabe 3:

c) Individuelle Lösungen
Es handelt sich um eine gleichmäßig beschleunigte Bewegung: Der zurückgelegte Weg ist proportional zum Quadrat der Zeit ($s = \frac{1}{2} a \cdot t^2$). Dargestellt in einem Weg-Zeit-Diagramm ergibt sich eine Parabel durch den Ursprung als Graph.

Im Gegensatz dazu ergibt sich bei einer gleichförmigen Bewegung: Der zurückgelegte Weg ist proportional zur Zeit ($s = v \cdot t$). Dargestellt in einem Weg-Zeit-Diagramm ergibt sich eine Gerade durch den Ursprung als Graph.

5 Wir experimentieren mit einem Mini-Sonnenkollektor

Aufgabe 1: Für die Erwärmung des Wassers nötige Wärmeenergie:

$$Q = m \cdot c \cdot (T_2 - T_1) = 0{,}5 \text{ kg} \cdot 4{,}185 \frac{\text{kJ}}{\text{kg} \cdot {}^\circ\text{C}} \cdot 18 \,{}^\circ\text{C} = 37{,}8 \text{ kJ}$$

Zur Erzeugung dieser Wärmeenergie benötigte Menge an Spiritus:

$$m_{\text{Spiritus}} = \frac{Q}{H_{\text{Spiritus}}} = \frac{37{,}8 \text{ kJ}}{26.800 \frac{\text{kJ}}{\text{kg}}} = 0{,}0014 \text{ kg} = 1{,}4 \text{ g}$$

Aufgabe 2:

a) Nein, Willi hat nicht recht. Je nach Material der Flasche erhitzt sich das Wasser schneller oder langsamer in dem Behälter.

b)
- An beiden Dosen wird das Licht zu verschiedenen Teilen gestreut, reflektiert oder absorbiert. Letzteres bedeutet, dass die Energie der Sonnenstrahlen vom Material der Dose als Wärme aufgenommen wird. Diese Energie wird dann an das Wasser weitergegeben, welches sich dadurch erwärmt.
- Schwarze Gegenstände absorbieren Licht stärker als helle. Die schwarze Dose ist daher der bessere Kollektor.

c - e) Individuelle Lösungen

6 Experimente mit dem Windrad – Finden der optimalen Rotorenform

Aufgabe 1: Individuelle Lösungen

Aufgabe 2:

a) Generatoren erzeugen Strom in Kraftwerken oder als Dynamo bei einem Fahrrad, laden Akkus auf, treiben Maschinen an und sind so die Kernstücke unserer technischen Welt.

b) Bei einem Generator wird <u>Bewegung</u> in <u>elektrischen Strom</u> umgewandelt.

c) Bewegt sich ein Leiter senkrecht zum Magnetfeld, wirkt die Lorentzkraft auf die Ladungen im Leiter in Richtung dieses Leiters und setzt sie so in Bewegung.

d) Durch die Reibung von Maschinenteilen entstehen Verluste.

7 Wir bauen einen Savonius-Rotor zur Stromerzeugung

Aufgabe 1:

a)
- Der Savonius-Rotor ist sehr einfach herzustellen.
- Er benötigt wenig Platz.
- Er funktioniert bei geringen Windgeschwindigkeiten.
- Die Windrichtung ist für den Betrieb des Rotors gleichgültig.

b)
- Aus Windenergie wird zuerst mechanische Energie, die dann in elektrische Energie umgewandelt wird.
- Windenergie → mechanische Energie → elektrische Energie

Aufgabe 2:

a) Die beiden Kugeln liegen nur mit einer geringen Reibungsfläche aufeinander, außerdem sind sie drehbar gelagert.

b) Zum Drehen der Achsen braucht man beim Generator einen höheren Kraftaufwand als beim Motor.
- Im Generator musste die Achse beim Drehen gegen ein magnetisches Feld Kraft aufbringen, damit die rotierenden Elektronen eine Lorentzkraft erfahren und so einen elektrischen Strom erzeugen.
- Im Motor werden beim Drehen der Achse nur die (reibungsarm) geschmierten Teile bewegt, die normalerweise umgekehrt die Kraft von einer Energiequelle auf die Achse übertragen.

Experimente zu den erneuerbaren Energien
Upcycling im Physikunterricht – Bestell-Nr. 13 117

Lösungen

7 **Wir bauen einen Savonius-Rotor zur Stromerzeugung**

Aufgabe 2: **c)** Lösungsbeispiel:

$E = 1{,}2\ V \cdot 30\ mA \cdot 10\ s = 1{,}2\ V \cdot 0{,}03\ A \cdot 10\ s = 0{,}36\ Ws$ (Wattsekunden)

Aufgabe 3: Nummerierung: 6; 4; 1; 3; 7; 5; 2

8 **Der Luftwiderstand bei Velomobilen**

Aufgabe 1: Er hätte seine gesamte (Fahrrad + Mensch) Form zu einer solchen mit kleinerem c_W-Wert und damit geringerem Luftwiderstand verbessern können, indem er …

- einen Helm aufgesetzt hätte, damit die Haare nicht im Wind flattern (ein zusätzliches Visier würde auch gegen den Regen schützen),
- seine Jacke geschlossen hätte,
- sich über den Lenker gebeugt hätte …

Um mehr Energie zur Verfügung zu haben, um die Luftwiderstandskraft zu überwinden, hätte er frühstücken müssen.

Aufgabe 2: **a)** $9\ \frac{km}{h} = 9 \cdot \frac{1000\ m}{3600\ s} = 2{,}5\ \frac{m}{s}$

$F_{LR} = \frac{1}{2} \cdot A \cdot c_W \cdot \rho_{Luft} \cdot v^2 = \frac{1}{2} \cdot 0{,}9\ m^2 \cdot 0{,}35 \cdot 1{,}25\ \frac{km}{m^3} \cdot 2{,}5\ \frac{m}{s} \cdot 2{,}5\ \frac{m}{s}$

$= 1{,}23\ \frac{kg \cdot m}{s^2} = 1{,}23\ N$ (Newton)

b) $E = F_{LR} \cdot s = 1{,}23\ N \cdot 5000\ m = 6150\ J$ (Joule)

c)
- F_{LR} ist abhängig von: c_W-Wert, Dichte der Luft, Querschnittsfläche des Körpers, Strömungsgeschwindigkeit der Luft relativ zum Körper.
- c_W ist abhängig von: Form und Oberflächenbeschaffenheit des Körpers

d) **1.** $v = 5\ \frac{m}{s}$: $F_{LR} = \frac{1}{2} \cdot A \cdot c_W \cdot \rho_{Luft} \cdot v^2 = \frac{1}{2} \cdot 1\ m^2 \cdot 0{,}28 \cdot 1{,}25\ \frac{km}{m^3} \cdot 5\ \frac{m}{s} \cdot 5\ \frac{m}{s}$

$= 4{,}375\ N \quad E = F_{LR} \cdot s = 4{,}375\ N \cdot 10.000\ m = 43.750\ J$

2. $v = 10\ \frac{m}{s}$: $F_{LR} = \frac{1}{2} \cdot A \cdot c_W \cdot \rho_{Luft} \cdot v^2 = \frac{1}{2} \cdot 1\ m^2 \cdot 0{,}28 \cdot 1{,}25\ \frac{km}{m^3} \cdot 10\ \frac{m}{s} \cdot 10\ \frac{m}{s}$

$= 17{,}5\ N \quad E = F_{LR} \cdot s = 17{,}5\ N \cdot 10.000\ m = 175.000\ J = 4 \cdot 43.750\ J$

e) **1.** $v = 5\ \frac{m}{s}$: $F_{LR} = \frac{1}{2} \cdot A \cdot c_W \cdot \rho_{Luft} \cdot v^2 = \frac{1}{2} \cdot 1\ m^2 \cdot 0{,}05 \cdot 1{,}25\ \frac{km}{m^3} \cdot 5\ \frac{m}{s} \cdot 5\ \frac{m}{s}$

$= 0{,}7813\ N \quad E = F_{LR} \cdot s = 0{,}7813\ N \cdot 10.000\ m = 7813\ J$

43.750 J – 7813 J = 35.937 J gespart.

2. $v = 10\ \frac{m}{s}$: $F_{LR} = \frac{1}{2} \cdot A \cdot c_W \cdot \rho_{Luft} \cdot v^2 = \frac{1}{2} \cdot 1\ m^2 \cdot 0{,}05 \cdot 1{,}25\ \frac{km}{m^3} \cdot 10\ \frac{m}{s} \cdot 10\ \frac{m}{s}$

$= 3{,}125\ N \quad E = F_{LR} \cdot s = 3{,}125\ N \cdot 10.000\ m = 31.250\ J$

175.000 J – 31.250 J = 143.750 J gespart.

Aufgabe 3:

a) vorn Kegel, hinten Halbkugel: 0,18

b) Für alle Liegeräder trifft zu, dass sich das Tretlager oberhalb des Vorderrades befindet.

c) Vom Kurzlieger spricht man dann, wenn das Tretlager vor dem Vorderrad liegt, vom Langlieger, wenn sich das Tretlager hinter dem Vorderrad befindet.

d) Beim Langlieger bietet der Fahrer weniger Angriffsfläche für den Wind, da er tiefer liegt, als beim Kurzlieger. Der cW-Wert ist beim Langlieger somit besser.

e) Das Sesselrad bietet mehr Fahrkomfort als ein normales Fahrrad. Der Fahrer bringt durch Abdrücken an der Rückenlehne relativ leicht eine größere Kraft auf die Pedale.

f) Bei J-Rädern wird die Kraft über Hebel und Seile auf das Hinterrad übertragen. Seile können sich ausdehnen, sie müssen daher öfter nachjustiert werden.

g) Mit dem Liegerad des Franzosen Mochet wurde der Geschwindigkeitsweltrekord aufgestellt.

Experimente zu den erneuerbaren Energien
Upcycling im Physikunterricht – Bestell-Nr. 13 117
KOHL VERLAG

8

Der Luftwiderstand bei Velomobilen

Aufgabe 4:

a) Da es keinen Rückwärtsgang gab, konnte man so das Fahrzeug mit den Füßen zurückdrücken.

b) Es war ein Autoersatz für die Menschen, die sich kein Automobil leisten konnten. Die Karosserie des Velomobils bot Schutz bei Wind und Wetter sowie Unfällen.

c) Mochet versuchte, die Karosserie möglichst stromlinienförmig zu gestalten. Die Fahrer saßen sehr niedrig, aber ein Teil des Oberkörpers ragte aus der Karosserie, sodass der Luftwiderstand dadurch relativ hoch war.

d) Sie waren aus preiswerten Materialien hergestellt und deshalb günstig in der Anschaffung und im Unterhalt. Es wurde kein Benzin benötigt.

e) Beide sind etwa vom Typ „vorn Halbkugel, hinten Kegel“, wobei sich der c_W-Wert im 1. Fall durch einen größeren Aufbau erhöht, während es sich im 2. Fall nur um eine flache, schräge Windschutzscheibe handelt. Insgesamt ist das 2. Fahrzeug flacher und hat somit den niedrigeren (besseren) c_W-Wert.

f) Es wurde ein Gangschaltungsgetriebe eingebaut.

g)
- Während des zweiten Weltkriegs war das Benzin sehr knapp, sodass der Antrieb mit Muskelkraft weiterhin konkurrenzfähig blieb.
- Später rüstete man einerseits die Velocars mit kleinen Motoren nach, andererseits wurden sie schon bald mit beiden Pedalen und einem 100 cm^3-Motor produziert.

Aufgabe 5:

a)
- Das Frikar hat Pedale, verwendet also die Muskelkraft des Fahrers – wenngleich nicht ausschließlich – zum Antrieb.
- Es besitzt genauso eine Karosserie aus einem leichten Material.
- Weiterhin besitzt es ebenfalls vier Räder.

b)
- Es gibt eine rundum geschlossene Karosserie, der Fahrer ist also insbesondere vor Regen geschützt.
- Weiterhin trägt ein Elektromotor mit Akku wesentlich zum Antrieb bei.
- Das Fahrzeug ist aber nur zur Beförderung von einer Person geeignet.

c) Das Frikar ist schon ziemlich stromlinienförmig. Hier lässt sich nicht mehr viel optimieren.

d) Individuelle Lösungen, z. B.: Es wäre vielleicht interessant, aus dem Modell einen Zweisitzer abzuleiten. Man würde damit noch mehr an die Gewohnheit beim Autofahren anküpfen können. So sind ja auch die meisten schnellen Sportwagen auf zwei Personen ausgelegt, dadurch auch mit einer weiteren, leicht nutzbaren Gepäckablagemöglichkeit.

e)

	Velomobil	**Auto**	**Fahrrad**	**E-Bike**
Anschaffungspreis	mittel	hoch	niedrig	mittel
Unterhaltskosten	günstig	hoch	sehr günstig	günstig
Umweltfreundlichkeit	hoch	niedrig	sehr hoch	hoch